硫丹淘汰

国内外比较研究

张扬 任永 洪云/编著

中国环境出版集团·北京

图书在版编目（CIP）数据

硫丹淘汰国内外比较研究 / 张扬，任永，洪云编著.
-- 北京 ： 中国环境出版集团，2021.10
ISBN 978-7-5111-4939-8

Ⅰ. ①硫⋯ Ⅱ. ①张⋯ ②任⋯ ③洪⋯ Ⅲ. ①硫
丹－淘汰产品－对比研究－中国、国外 Ⅳ. ①TQ453.2

中国版本图书馆CIP数据核字（2021）第211207号

出 版 人　武德凯
责任编辑　曲　婷
责任校对　任　丽
装帧设计　宋　瑞

出版发行　中国环境出版集团
　　　　　（100062　北京市东城区广渠门内大街16号）
　　　　　网　　址：http://www.cesp.com.cn
　　　　　电子邮箱：bjgl@cesp.com.cn
　　　　　联系电话：010-67112765（编辑管理部）
　　　　　发行热线：010-67125803，010-67113405（传真）
　　　　　印装质量热线：010-67113404
印　　刷　北京中献拓方科技发展有限公司
经　　销　各地新华书店
版　　次　2021年11月第1版
印　　次　2021年11月第1次印刷
开　　本　787×960　1/16
印　　张　10
字　　数　180千字
定　　价　65.00元

编委会

前　言

　　2001 年，为了保护人类健康和环境免受持久性有机污染物（POPs）的危害，联合国环境规划署在瑞典斯德哥尔摩召开了外交全权代表大会，通过了《关于持久性有机污染物的斯德哥尔摩公约》（以下简称《公约》）。《公约》将包括滴滴涕、二噁英、六氯代苯、多氯联苯等 12 种化学物质列入首批受控物质清单。2004 年，经第十届全国人大常委会第十次会议批准，《公约》正式对我国生效。

　　2011 年，第五次缔约方大会将硫丹列入受控 POPs 物质清单。硫丹作为一类广谱性杀虫剂，在世界范围内，广泛应用于农业虫害的防治。在我国，其主要用于棉花种植虫害防治。2013 年 8 月，第十二届全国人大常委会第四次会议批准关于硫丹等 10 种持久性有机污染物的修正案。包括原环境保护部在内的十二个部委于 2014 年 3 月 25 日发布了修正案生效的公告（公告 2014 年 第 21 号）。按公告要求我国需在特定豁免期结束前（即 2019 年 3 月 25 日前）淘汰在棉花种植等行业中使用的硫丹，以实现硫丹在我国境内的全面淘汰。为落实修正案要求，推动我国硫丹的淘汰与替代工作，生态环境部对外合作与交流中心与联合国开发计划署（UNDP）合作开发了"中国硫丹淘汰项目"（以下简称"项目"），旨在通过生物防治和替代技术淘汰虫害防治领域使用的硫丹，项目执行期为 2017—2021 年。

项目实施期间恰逢我国生态文明建设和生态环境保护事业进入快速发展期，生态环境保护实践发生了历史性、转折性、全局性的变化，特别是党的十九届五中全会明确提出要重视新污染物治理。POPs 因其具有持久存性、生物蓄积性、远距离迁移性和毒性等特点，成为新污染物中受到关注的一类物质，这类物质可造成人体内分泌系统紊乱，生殖和免疫系统受到破坏，并诱发癌症和神经性疾病同时还对环境造成有害影响。农药类 POPs 直接关系着广大人民群众餐桌上的安全，也成为了广大人民群众关注的热点。为借鉴发达国家在硫丹等农药类 POPs 管理上的经验，服务我国公约履约和新污染物治理，本书梳理了美国、加拿大、欧盟、澳大利亚和新西兰等有关国家对硫丹的管理措施，同时对我国棉花和烟草种植业硫丹的使用现状和履约情况作了介绍。第一章至第三章由张扬完成，第四章第一节由丁兆龙、陈燕、张扬和杨森完成，第四章第二节由韩庆莉、张扬和杨森完成，第五章由张扬完成，全书由张扬和任永统稿。

由于笔者水平有限，书中难免存在不妥之处，敬请广大读者批评指正。

编委会

2021 年 10 月

目　录

第 1 章　硫　丹 /1

1.1　硫丹的简介 /2

1.1.1　硫丹硫酸盐 /2

1.1.2　硫丹的物理化学性质 /2

1.1.3　硫丹的毒性 /4

1.1.4　硫丹最大残留浓度、质量标准 /5

1.2　环境介质中的硫丹 /8

1.2.1　大气中的硫丹 /8

1.2.2　水中和沉积物中的硫丹 /10

1.2.3　土壤中的硫丹 /11

第 2 章　国外硫丹生产、使用和管理 /15

2.1　美国 /16

2.1.1　硫丹在美国的使用情况 /16

2.1.2　库存硫丹的处理、处置 /20

2.1.3　美国环境保护局与 4 家公司关于含硫丹农药产品注册的谅解备忘录 /21

2.2　加拿大 /43

2.2.1　加拿大淘汰硫丹的进程 /43

2.2.2　加拿大逐步淘汰硫丹的实施情况 /43

2.2.3　加拿大含硫丹产品包装和标签修订的主要内容 /44

2.3　欧盟 /50

2.3.1　欧盟成员国硫丹使用情况 /50

2.3.2　欧盟硫丹管制的相关规定 /51

2.4　澳大利亚 /52

2.4.1　澳大利亚硫丹的主要用途和使用量 /52

2.4.2　澳大利亚硫丹的审查与评估 /54

2.4.3　硫丹的管制措施 /57

2.4.4　高毒过期农药的处置 /60

2.4.5　非法使用农药的处罚 /62

2.5　新西兰 /62

第 3 章　我国硫丹生产、使用和管理 /65

3.1　**我国硫丹的生产情况 /66**

3.2　**我国硫丹的使用情况 /69**

3.3　**我国硫丹的出口情况 /70**

3.4　**我国关于硫丹的管理制度与法规 /71**

3.4.1　国家农药管理制度 /71

3.4.2　危险化学品管理制度 /73

3.5　**政府层面出台的禁令情况 /75**

3.5.1　关于硫丹的行政及履约管理规定 /75

3.5.2　关于硫丹的控制标准规定 /77

参考文献 /79

第 4 章　我国棉花和烟草行业硫丹替代情况研究 /83

4.1　我国棉花种植行业现状与硫丹替代情况 /84
4.1.1　我国棉花种植区域划分与主栽品种 /84
4.1.2　我国棉花种植业发展趋势与现状 /85
4.1.3　棉花主要病虫害发生与防控情况 /90
4.1.4　棉花种植行业硫丹替代工作开展情况 /93

4.2　我国烟草种植行业与硫丹替代情况 /99
4.2.1　我国烟草种质资源及栽培品种 /101
4.2.2　我国烟草种植面积 /107
4.2.3　2017—2019 年我国烟草虫害发生危害情况 /110
4.2.4　烟草主要虫害防治现状 /113
4.2.5　烟草虫害农药使用情况 /118
4.2.6　硫丹在烟草种植上的使用情况 /126
4.2.7　硫丹在烟草上的替代品及效果评价 /130
4.2.8　结论 /138

参考文献 /140

第 5 章　政策建议 /143

5.1　健全农药评估、注销和使用制度 /144
5.2　要摸清硫丹存量和处置情况，督促企业安全妥善"消库存" /145
5.3　要完善《斯德哥尔摩公约》管控农药类长效监管机制 /146
5.4　要建立《斯德哥尔摩公约》管控类物质妥善处置保障体系 /147

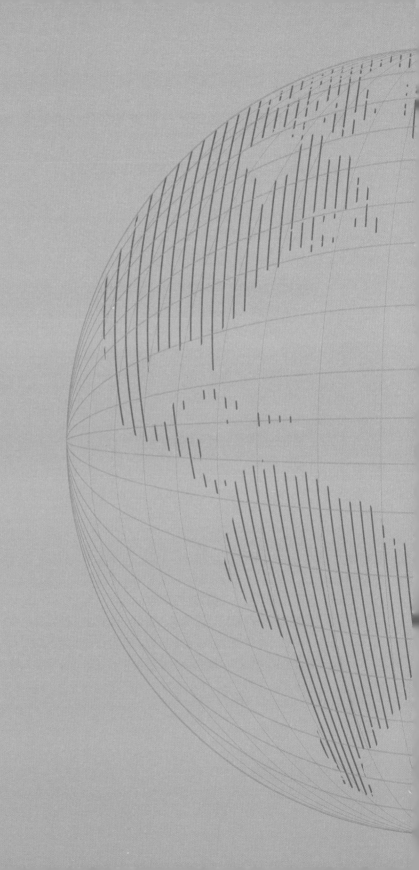

第 1 章
硫 丹

1.1 硫丹的简介

硫丹（endosulfan）又名赛丹（Thiodan）、硕丹（Thionex）、雅丹或安杀丹（Endocel），是一种有机氯化合物，化学名称为：1, 2, 3, 4, 7, 7- 六氯双环［2, 2, 1］庚 -2- 烯 -5, 6- 双羟甲基亚硫酸酯，是一种广谱有机氯杀虫剂，由 α 异构体和 β 异构体组成。工业硫丹由 α- 硫丹和 β- 硫丹以 2：1 或 7：3 的比例组成，其广泛用于防控刺吸类和咀嚼类害虫，尤其是蚜虫、蓟马、甲虫、害螨、棉铃虫、粉虱、叶蝉以及叶食性和钻蛀性幼虫。

硫丹纯品为白色晶体，不易溶于水，易溶于多数有机溶剂，如正己烷、丙酮、二氯甲烷等。硫丹在自然环境中的降解途径主要分为通过氧化生成硫丹硫酸盐或者水解生成硫丹二醇两部分。硫丹二醇可进一步水解为硫丹醚、硫丹内酯等，硫丹硫酸盐可进一步降解生成硫丹内酯。硫丹硫酸盐具有很强的持久性、蓄积性，并且与硫丹母体同样具有相当的毒性。

1.1.1 硫丹硫酸盐

硫丹硫酸盐是有氧条件下硫丹的降解产物。许多学者在研究硫丹在土壤中的降解行为时发现，硫丹硫酸盐是硫丹最主要的一种降解产物，并且硫丹硫酸盐的生成总是伴随着其母体化合物的消失。由于具有较低的吸附和较强的解吸附能力，硫丹硫酸盐在土壤中比母体化合物更具移动性，更易于随地表径流进入水体或者向土壤深层渗入而进入地下水。

1.1.2 硫丹的物理化学性质

纯品硫丹为白色晶体，粗制品为棕色无定形粉末，摩尔质量为 406.9 g/mol。硫丹不溶于水，可溶于大多数有机溶剂，如氯仿、丙酮、正己烷、二氯甲烷及异辛烷等。

---

* 第 1 章由张扬编写。

　　表 1-1 总结了两种硫丹同分异构体和硫丹硫酸盐的主要物理化学性质。硫丹具有半挥发性，其蒸气压与其他有机氯农药相似，容易挥发到大气中，并随大气迁移和沉降。α- 硫丹和 β- 硫丹的蒸气压相差不大，硫丹硫酸盐的蒸气压则较低。在溶解度方面，β- 硫丹的水溶解度明显高于 α- 硫丹（约 10 倍），因此，β- 硫丹的亨利常数 H 较低，也更容易分配到水相中。与 α- 硫丹相比，β- 硫丹和硫丹硫酸盐更容易通过大气降水进入地表水体中。这一点可以从加拿大大湖区收集的降水样品得到证实，该地区 1995—1999 年收集的样品中 β- 硫丹的平均浓度高于 α- 硫丹。例如，在伊利湖附近的一个地区（集约化农业区域内），β- 硫丹的平均浓度为 2.8 ng/L，而 α- 硫丹的平均浓度为 0.89 ng/L。在苏必利尔湖附近，平均浓度较低 α- 硫丹浓度为 0.39 ng/L，β- 硫丹的平均浓度为 1.10 ng/L。

表 1-1　25℃时、α- 硫丹、β- 硫丹和硫丹硫酸盐的部分物理化学参数值

物理化学参数	α- 硫丹	β- 硫丹	硫丹硫酸盐
摩尔质量 /（g/mol）	406.9	406.9	422.9
蒸气压 /Pa	0.004 4	0.004 0	0.001 3
亨利常数 /（Pa·m³/mol）	0.70	0.045	0.015
溶解度 /（mol/m³）	0.006 3	0.089	≈0.089
熔点 /℃	108 ~ 110	208 ~ 210	181 ~ 182
$\log K_{ow}$[①]	4.94	4.78	3.64
$\log K_{oc}$[②]	3.6	4.32	—
$\log K_{oa}$[③]	8.49	9.53	—
土壤中的半衰期（20℃时）/d	12	169	—

① $\log K_{ow}$ 为正辛醇 / 水分配系数。
② $\log K_{oc}$ 为土壤 / 沉积物吸着系数。
③ $\log K_{oa}$ 正辛醇 / 空气分配系数。

　　通常，一种化学品被认定为持久性有机污染物的标准之一是其 $\log K_{ow} > 5$。两种硫丹异构体均未超过该值，但接近该值（表 1-1）、

表明存在潜在的生物蓄积性。可从实验室和现场研究中获得生物富集的证据。相对较高的 $\log K_{oc}$ 值表明，硫丹和硫丹硫酸盐都具有向土壤和沉积物中的有机碳组分分配的倾向。

1.1.3 硫丹的毒性

硫丹可通过食入、吸入、皮肤接触或经胎盘等途径进入人体。它对主要器官具有组织病理学毒性作用。硫丹的主要毒理作用是过度刺激中枢神经系统（central nervous system），主要表现为癫痫发作。其毒性机理为：硫丹是 γ- 氨基丁酸（Gamma-Amino Butyric Acid, GABA）的非竞争性拮抗剂，因为它不直接参与 GABA 结合位点。但会附着并阻断与 GABA 受体偶联的氯离子通道，从而抑制 GABA 与其受体的结合。在生理上，GABA 受体是人类主要的抑制性神经受体，GABA 能神经元的拮抗会导致大脑受到普遍的刺激。GABA 与其受体结合后，导致氯离子以电化学梯度流入神经元，引起细胞膜超极化，降低神经元兴奋性。硫丹通过阻断 GABA 受体，防止氯离子涌入，抑制 GABA 与其受体结合的抑制性突触后效应，从而使神经刺激不受抑制。此外，硫丹还可以通过跨细胞和细胞旁途径增加内皮细胞的通透性，从而使内皮细胞失去屏障作用，导致心血管疾病。

作为一种高度亲脂性物质，尽管硫丹的血浆半衰期不长，但它从亲脂性贮库中缓慢释放回到体内循环中会延长作用时间。硫丹及其代谢产物的半衰期估计为 $1 \sim 7$ d。硫丹的代谢物大部分通过尿液和粪便从体内排出。

研究表明，α- 硫丹、β- 硫丹及硫丹硫酸盐能够导致动物免疫力下降，增加动物感染传染病的机会，还能够通过孕妇转移进入婴儿体内，对婴儿产生免疫毒性、神经毒害和内分泌干扰作用。

硫丹的接触可以是有意的或偶然的，可以通过摄入、吸入以及经胎盘途径或经皮吸收发生。例如，在印度，一名两岁的女孩在母亲为其治疗头虱而在其头部涂抹硫丹后，出现了癫痫发作的情况，这是一种不常见的经皮吸收的接触源。

当哺乳期妇女在无意中摄入受到硫丹污染的食物时，残留物也可能从母乳中排出。研究表明，胎儿或婴儿生命早期接触硫丹等有机氯与胎儿生长减少和不良健康影响有关，如内分泌破坏性变态反应、免疫毒性、癌症，以及代谢、神经发育和生殖功能紊乱。此外，硫丹还可能破坏激素稳态。在怀孕期间，硫丹还可通过减少可用的孕激素的量，导致早产。

2003 年，在西班牙进行的一项研究表明，生活在西班牙南部地中海沿岸农业地区的 200 名妇女的血液和脂肪组织中存在有机氯农药，包括硫丹。这不仅证实了硫丹的亲脂性，而且证明了长期接触这些农药可使其长时间释放到血液中。在硫丹代谢产物中，硫丹醚是血清（86%）和脂肪组织样品（68%）中最常见的化合物。2004 年，在西班牙南部进行的另一项类似研究表明，在胎盘匀浆和脐带血中更普遍地发现硫丹二醇和硫丹硫酸盐。这引起了女性对硫丹和其他有机氯农药暴露的严重关注，因为它们可以在产前转移至胎儿，以及产后从母乳进入婴儿体内。

此外，硫丹还可导致水生生物和陆生生物内分泌紊乱，包括鱼类皮质分泌的减少，两栖类动物的生理缺陷，鸟类生殖器的缺陷，哺乳动物荷尔蒙水平的改变，睾丸萎缩和精子数量减少等。研究显示，暴露于硫丹的成年雄性大鼠的皮质醇、催乳激素、胰岛素、甲状腺激素和睾丸激素的紊乱与脾细胞的凋亡诱导之间存在明显的联系。

1.1.4　硫丹最大残留浓度、质量标准

硫丹是最易留下残留的杀虫剂。例如，欧盟针对 20 种杀虫剂开展了协调监测项目，其中硫丹被发现有残留的次数最高（16.9%）。在1996—1998 年，德国在对地表水进行监测时发现，超过 25% 的采样点位的硫丹残留超出德国水生环境质量标准（0.005 μg/L）。鉴于硫丹易于残留的特点，世界上许多国家和国际组织都针对硫丹的最大残留量作

出了规定。

在欧洲,欧盟消费者权益保护组织立法规定了很多作物的硫丹最大残留浓度限值(MRL)。水果蔬菜表面和内部的硫丹最大残留浓度限值不等,从浆果、樱桃、无花果、香蕉、橄榄等的 0.05 mg/kg,到坚果的 0.1 mg/kg,再到各类柑橘作物的 0.5 mg/kg,具体情况见表 1-2。

表 1-2 欧盟对作物中的硫丹最大残留浓度限值的规定

产品名称	分类	最大残留浓度 / (mg/kg)
美国柿子、鳄梨、香蕉、面包果、杨桃、南美番荔枝、枣、榴莲、无花果、苹果、西红柿、柿子、日本柿子、奇异果(绿、红、黄)、金橘、荔枝、芒果、木瓜、百香果、菠萝、刺梨、仙人掌果、橄榄	水果,新鲜或冷冻的水果和坚果	0.05
肉豆蔻、其他人造香料	香料	0.1
辣椒、丁香、其他花蕾香料	香料	0.1
肉桂、其他树皮香料	香料	0.1
甜椒	新鲜或冷冻蔬菜	1
小叶作物(包括芸苔品种)、罗勒和食用花、芹菜叶、芥菜、甜菜叶、韭菜、芹菜和其他芽菜的嫩枝、阔叶苣荬菜、葡萄叶、药材和食用花卉、陆地芹菜、桂花、贝叶、生菜、莴苣和沙拉植物、其他药材和食用花卉、其他生菜,欧芹(根部欧芹叶)、紫荆花、红芥末、迷迭香、菠菜、龙嵩、茭白	新鲜或冷冻蔬菜	0.05
辣根、甘草、其他根茎类香料、姜黄	香料	0.01
豆类、小扁豆、羽扇豆、豌豆	干豆	0.05
杏仁、巴西坚果、腰果、栗子、椰子、榛子、澳洲坚果、胡桃、松子仁、核桃、其他树坚果	水果,新鲜或冷冻的水果和坚果	0.1
油料生产用橄榄	油菜籽和油果	0.05
番茄	新鲜或冷冻蔬菜	0.5
柚子、柠檬、酸橙、芦柑、橙子、其他柑橘类水果	水果,新鲜或冷冻的水果和坚果	0.05
鸡蛋、鸭蛋、鹅蛋、鹌鹑蛋、其他鸟类蛋	陆生动物源性产品	0.05

产品名称	分类	最大残留浓度 / （mg/kg）
牛奶、山羊奶、马奶、绵羊奶、其他牛奶	陆生动物源性产品	0.05
栽培的真菌、苔藓和地衣、野生菌	新鲜或冷冻蔬菜	0.05
茴香、薄荷、芥菜、小豆蔻（马郁兰）八角、桧柏、其他水果香料、花椒、川椒、罗望子	香料	5
大麻种子、亚麻籽、芥菜籽、其他油果、其他油菜籽、花生、罂粟籽、南瓜籽、油菜籽，菜籽、芝麻、葵花籽	油菜籽和油果	0.1
箭根、甜菜根、胡萝卜、木薯根、木薯、芹菜、萝卜根、辣根、菊芋除甜菜外的其他根茎类蔬菜，其他热带根茎类蔬菜，欧芹根、汉堡根欧芹，欧芹马铃薯、红薯、热带根茎类蔬菜、薯类	新鲜或冷冻蔬菜	0.05
西兰花、球芽甘蓝、大白菜、白菜、花椰菜、大头菜、高丽菜、叶子菜、其他开花的芸香草、其他叶菜类	新鲜或冷冻蔬菜	0.05
大麦、荞麦和其他伪谷类食品、普通小米、玉米、燕麦、其他谷类、稻米、黑麦、高粱、小麦	谷物类	0.05
牛肉及食用内脏（除肝脏和肾脏外）、马肉、羊肉（含肾脏和肝脏）、脂肪、其他牛肉制品，其他马肉制品，其他羊肉制品，其他养殖的陆生动物的肉制品	陆生动物源性产品	0.05
棉籽	油菜籽和油果	0.3
捻叶蒜、洋葱、其他球茎类蔬菜葱、洋葱、青葱和威尔士洋葱	新鲜或冷冻蔬菜	0.1
洋甘菊、花卉、人参、从植物未明确定义的部分中提取的草药泡腾剂、芙蓉、茉莉花，其他花草浸泡剂，其他叶子和草药的草药泡腾片，其他根茎类的草药泡制	茶、咖啡、草药泡酒、可可和可可豆	0.01
菊苣根、其他糖类植物、甜菜根、甘蔗	糖类植物	0.01

荷兰国家公共卫生及环境研究院（RIVM）为荷兰环境保护局和化学品局根据硫丹对鸟类和哺乳动物的直接影响，核算了地表水和土壤等中硫丹的最大允许浓度（表 1-3）。

表 1-3　地表水和土壤等中硫丹的最大允许浓度

淡水中的最大允许浓度 /（μg/L）	咸水中的最大允许浓度 /（μg/L）	水体中的最大允许浓度 /（μg/L）	土壤中的最大允许浓度 /（mg/kg）
0.013	0.000 4	0.000 4	0.05

鸟类的最大允许浓度 /（mg/kg 食物）	哺乳动物的最大允许浓度 /（mg/kg 食物）	鸟类 / 哺乳动物的综合最大允许浓度 /（mg/kg）	
8.1	0.68	0.68	—

　　澳大利亚和新西兰环境与保护委员会（ANZECC）制定了指南，确定了淡水和海水水体中杀虫剂的允许浓度。例如，总硫丹（α- 硫丹＋ β-硫丹＋硫丹硫酸盐）允许浓度为 0.01 μg/L。

　　美国国家环境保护局（以下简称美国环保局，USEPA）综合风险信息系统（IRIS）规定硫丹和硫丹硫酸盐的经口参考剂量（危险性参考剂量 RfD）为 0.000 6 mg/（kg·d）。未报道有硫丹的慢性吸入性暴露的参考浓度（危险性参考浓度 RfC）。

　　联合国粮食及农业组织（FAO）/ 世界卫生组织（WHO）制定的粮食产品的最大残余浓度范围为 0.1 ～ 2.0 mg/kg。

　　根据世界卫生组织建议，每日允许摄入量（ADI）规定为 0.006 mg/（kg·d）。

1.2　环境介质中的硫丹

1.2.1　大气中的硫丹

　　硫丹具有半挥发性和持久性，且其在自然环境中非常稳定，可以挥发进入大气并进行长距离输送，在低温地区冷凝沉降。硫丹在大气中的容量系数相对较小，其在大气中主要来源是从土壤和作物中挥发，所以农耕时节硫丹的大量集中使用会在周围大气中形成很高的浓度，但硫丹在大气中的浓度也受大气温度和风向的影响。

过去 10 年来，硫丹已被纳入空气监测计划和许多的空气监测研究中。相关研究结果表明，硫丹不仅在农业地区，而且在农村、山区和北极地区都有检出。

α- 硫丹已确定成为北极地区自然环境中最普遍的有机氯农药之一。北极监测与评估计划（Arctic Monitoring and Assessment Program，AMAP）对 1993—2006 年北极地区内，位于加拿大、芬兰、冰岛、斯瓦尔巴特 / 挪威、俄罗斯、美国和格陵兰的监测点空气中的农药浓度进行了监测分析，结果表明，硫丹经历了长期的大气迁移。在加拿大阿勒特省监测出空气中硫丹的平均浓度从 1993 年的 3.3 pg/m³ 上升到 2003 年的 6.5 pg/m³。2004—2005 年，格陵兰岛努克监测站空气中硫丹的平均浓度为 4.8 pg/m³。1994 年，加拿大北极地区育空地区报告的硫丹最高平均浓度为 8.3 pg/m³（Weber et al., 2010）。

通过文献调研发现，许多国家都有大气中检测出硫丹的报告。例如，2005 年，Gioia 等对美国 6 个城市开展了调查研究，结果显示，空气中的总硫丹（α- 硫丹＋β- 硫丹＋硫丹硫酸盐）的浓度为 18.3 ～ 182 pg/m³。2010 年、Chakraborty 等对印度主要城市空气中的硫丹含量进行了研究，结果显示，印度 7 个主要城市的总硫丹浓度为 120 ～ 390 pg/m³，其中 α- 硫丹的含量显著高于 β- 硫丹（Chakraborty et al., 2010）。2020 年，Kim 等基于韩国全国范围内的监测站点的数据，对全国范围内空气中总硫丹含量进行了分析，结果显示，总硫丹浓度为 129 pg/m³，其中 α- 硫丹、β- 硫丹和硫丹硫酸盐的含量分别为 104 pg/m³、20.3 pg/m³ 和 3.9 pg/m³（Kim et al., 2020）。

我国也有学者对空气中硫丹的浓度开展了研究。例如，2005 年，Liu 等（2009）对中国 37 个城市空气中硫丹的浓度进行了测量，α- 硫丹的浓度为 0 ～ 340 pg/m³，β- 硫丹的浓度为 0 ～ 121 pg/m³，棉花生产区的总硫丹浓度较高。中国空气中的硫丹浓度普遍高于北美（α- 硫丹为 7 ～ 129 pg/m³，β- 硫丹为 BDL[①]～ 4.1 pg/m³），但低于南美（α- 硫丹为 29 ~ 14 600 pg/m³，β-硫丹为 0.8 ~ 4 103 pg/m³），欧洲（α-硫丹为 21 ~ 1 760 pg/m³，β-硫丹为 BDL ~ 673 pg/m³），非洲（α-硫丹为 9 ~ 564 pg/m³，β-硫丹为 BDL ~ 358 pg/m³），印度（总硫丹为 0.45 ~ 1 122 pg/m³）。2017 年，Wang 等对安徽南部地区空气中硫丹的浓度监测发现，空气中 α-硫丹的含量为 298 pg/m³。Zhan 等（2017）对我国大气成分观测网络中我国中部区域背景监测站的大气监测发现，总硫丹的浓度为 0.22 ~ 38.8 pg/m³。彭成辉（2019）等对宁波市东部地区大气中有机氯污染物的时空分布和污染特征开展了研究，其中大气中总硫丹的浓度范围为 26 ~ 420 pg/m³。目前我国尚没有空气中硫丹的环境质量标准。

1.2.2 水中和沉积物中的硫丹

硫丹及其残留物在水体和沉积物检出。1993—2005 年，北极地区的一些湖泊里检测出了硫丹残留，α-硫丹浓度范围为 0.001 ~ 0.045 ng/L，硫丹硫酸盐的浓度范围为 0.019 ~ 0.032 ng/L（Weber et al., 2010）。

2002—2004 年，Harman-Fetcho 等对美国佛罗里达州南部使用的农药进行了为期两年的研究。结果发现，在运河和比斯坎湾（Biscayne Bay）中最常检测到的是莠去津、硫丹、甲草胺、毒死蜱和百菌清，平均浓度分别为 16 ng/L、11 ng/L、9.0 ng/L、2.6 ng/L 和 6.0 ng/L（Harman-Fetcho et al., 2005）。

Kim 等（2020）研究了硫丹残留物在韩国空气、土壤、水和沉积物中的分布情况。对韩国全国范围的 68 个水和沉积物监测点位的研究发现，水样和沉积物样品中总硫丹的平均含量分别为 2.1 ng/g 和 0.1 ng/g，春季水体中总硫丹最大浓度为 6.62 ng/L，秋季水体中总硫丹最大浓度为 3.86 ng/L。

在我国，Xu 等（2007）对山东省莱州湾和胶州湾海水样品中 15

---

① BDL 此处表示低于检测限。

种有机氯农药进行了检测。结果发现，硫丹的检出率经常超过总有机氯农药 20%。Zhang 等（2003）报道，α- 硫丹、β- 硫丹和硫丹硫酸盐广泛存在于闽江河口水体中，范围分别为 7 030 ～ 66 270 pg/L、15 530 ～ 215 900 pg/L 和 3 160 ～ 134 800 pg/L，硫丹的浓度均比其他有机氯农药高。α- 硫丹、β- 硫丹和硫丹硫酸盐在沉积物中也有广泛分布，浓度范围分别为 570 ～ 1 610 pg/g、1 530 ～ 3 120 pg/g 和 1 770 ～ 8 840 pg/g。2002 年，Zhang 等测定了北京市通惠河水样中的 α- 硫丹、β- 硫丹和硫丹硫酸盐，发现 α- 硫丹和硫丹硫酸盐的浓度较低，而 β- 硫丹的浓度相当高，平均浓度为 67 020 pg/L，而在沉积物中的浓度也偏低，其中硫丹硫酸盐未检出，α- 硫丹、β- 硫丹的浓度分别为 BDL ～ 70 pg/g 和 10 ～ 180 pg/g（Zhang et al., 2004）。Qiu 等（2008）测定了太湖水中 α- 硫丹的季节性不同浓度，发现 α- 硫丹的最高浓度出现在夏季（含量为 337 pg/L），其次是秋季（含量为 108 pg/L），春、冬两季均未检出 α- 硫丹，这可能与该农药的季节性使用规律有关。

1.2.3　土壤中的硫丹

Daly 等（2007）对加拿大西部山区土壤中有机氯农药的研究发现，α- 硫丹、β- 硫丹、硫丹硫酸盐浓度分别为 N.D.[①]～ 293 pg/g、N.D. ～ 660 pg/g、7.7 ～ 15 706 pg/g。Sun 等（2016）对东非肯尼亚土壤中有机卤化污染物的浓度、分布、来源和风险评估发现、在肯尼亚首都内罗毕周边土壤中 α- 硫丹、β- 硫丹、硫丹硫酸盐浓度分别为 N.D. ～ 1.91 μg/kg、N.D. ～ 2.56 μg/kg 和 N.D. ～ 12.18 μg/kg。Yadav 等（2016）研究了尼泊尔 4 个城市有机氯农药的浓度与分布情况，结果显示，在加德满都土壤中的硫丹平均浓度较高，为 2.8 ～ 8.7 ng/g（平均值为 5 ng/g）。在博卡拉、比尔根杰和比拉德纳格尔检测到的硫丹浓度分别为 2.83 ～ 3.43 ng/g、28 ～ 3.28 ng/g 和 2.93 ～ 3.35 ng/g。Matar

---

① N.D. 表示未检测到。

Thiombane 等（2018）对意大利南部地区城市和农用地中有机氯农药污染水平研究发现，在城市地区，硫丹总量（α-硫丹、β-硫丹和硫丹硫酸盐的总和）范围为 N.D. ～ 904.21 ng/g（平均值为 13.25 ng/g），占有机氯农药总残留量的 44.32%。在农村地区，硫丹残留量范围为 N.D. ～ 92.99 ng/g（平均值为 3.08 ng/g），占有机氯农药残留总量的 5.12%。巴里（Bari）城市地区的硫丹浓度较高，其值为 71 ～ 904.21 ng/g，莱切（Lecce）农村地区的硫丹浓度为 55.32 ～ 92.99 ng/g。

2009 年，瞿程凯等对我国福建戴云山脉土壤有机氯农药残留及空间分布特征开展了研究。该研究区域主要为农业用地，其结果显示，硫丹残留物与 HCHs 和 DDTs 占整体有机氯农药残留的 79.51%，α-硫丹、β-硫丹和硫丹硫酸盐的残留量平均值分别为 0.81 ng/g、2.50 ng/g 和 6.93 ng/g。来源解析表明，该地区硫丹残留主要来自历史农业生产使用（瞿程凯等，2013）。

2010 年，贾宏亮等对我国土壤和大气中的硫丹空间分布做了研究。研究结果显示，土壤中硫丹残留量较高的地区主要分布在我国的中部和东部地区，包括河南省、山东省、安徽省、河北省和江苏省。2004 年，我国土壤中 α-硫丹的年最低残留量为 0.7 t，年最高残留量为 140 t，β-硫丹的年最低残留量为 170 t，年最高残留量为 390 t。全国 141 个表层土壤中总硫丹的浓度范围为低于检测限至 19 000 pg/g，几何均值为 120 pg/g。农村土壤中总硫丹的浓度最高，几何均值为 160 pg/g，城市土壤次之，几何均值为 83 pg/g。

2013 年，Niu 等对我国 31 个省（区、市）农田的 123 个土壤样品中有机氯农药的残留及相关健康风险开展了研究。结果显示，硫丹残留物的检测出率为 93.4%，总硫丹浓度范围为低于检测限至 6.27ng/g，平均值为 0.623 ng/g，对人类的健康的危害指数小于 1，表明对人体健康风险较小（Niu et al., 2016）。

2018 年，Sun 等对我国华北地区（包括河南、山东、辽宁、吉林、黑龙江和天津）塑料大棚与露地土壤有机氯农药污染状况及细菌群落多样性和结构开展了比较研究。研究发现，塑料大棚中硫丹残留物的平均浓度为 54.5ng/g，其中 α- 硫丹、β- 硫丹和硫丹硫酸盐平均浓度分别为 28.2 ng/g、16.8 ng/g 和 9.46 ng/g；露地土壤中硫丹残留物的平均浓度为 3.75ng/g，其中 α- 硫丹、β- 硫丹和硫丹硫酸盐平均浓度分别为 0.64 ng/g、0.89 ng/g 和 2.22 ng/g。在该研究中的 104 个点位中，大部分点位的 α- 硫丹与 β- 硫丹含量的比值为 0.17 ～ 1.77，小于工业硫丹中 α- 硫丹与 β- 硫丹的比值（2.3），这表明上述研究区域内大部分点位硫丹残留均来自历史使用。但个别点位也存在非法使用的情况，例如该研究中最大硫丹残留浓度高达 2 494 ng/g（Sun et al., 2020）。

第 2 章
国外硫丹生产、使用和管理

2.1 美国

2.1.1 硫丹在美国的使用情况

1954 年，德国赫司特公司（Farbwerke Hoechst A.G.）注册了"硫丹"商标，首次将硫丹引入美国（Maier-Bode，1968）。截至 2012 年，美国仅有 4 家营业的硫丹产品生产公司登记。这 4 家公司分别是特拉华州马克西姆·阿甘股份有限公司（Makhteshim-Agan of North America Inc.）、田纳西州孟菲斯市德雷克塞尔化工有限公司（Drexel Chemical Company）、得克萨斯州休斯敦市 KMG-Bernuth Inc. 和北卡罗来纳州罗利市 Makhteshim-Agan of North America Inc.。其中，马克西姆公司生产工业级硫丹（硫丹含量为95%）；德雷克塞尔化工有限公司除生产工业级硫丹（硫丹含量为95%）外，还生产硫丹含量分别为 24.6% 和 34% 的两种硫丹乳油；KMG-Bernuth 公司生产一种硫丹含量为 30% 的硫丹乳油。Makhteshim-Agan 公司生产硫丹含量分别为 50% 和 33.7% 的两种硫丹乳油（美国国家农药信息检索系统，2012）。除本土的硫丹生产商外，也有境外生产商向美国出口硫丹和相关产品，但这些境外生产商必须在美国环保局进行产品注册，才能合法地将其硫丹产品进口到美国（美国环保局，2012a）。然而，受美国环保局颁布的一项自愿取消和逐步淘汰硫丹方案影响，到 2016 年 7 月 31 日，这些产品在美国的商业供应会被完全切断（美国环保局，2012e）。

除美国市场上流通的工业级硫丹和硫丹乳油外，联合国粮食及农业组织（以下简称粮农组织，FAO）还对在国际上流通的商用硫丹的其他三种形式予以承认。其中，粉剂是硫丹和其他添加剂的均匀混合物，为细小可自由流动的粉末。可湿性粉剂是一种均匀混合物，为细小粉末。可溶性油由工业级硫丹、其他配方和不超过 5% 的水组成（粮农组织，2011a）。2011 年，硫丹被纳入《关于持久性有机污染物的斯德哥尔摩

---

* 第 2 章由张扬编写。

公约》。自 2012 年开始，包括美国在内，世界范围内开始逐步取消硫丹使用（粮农组织，2011b）。加入该公约的国家会减少硫丹的使用量，并逐步完全停止使用硫丹。而尚未加入该公约的国家可能会继续使用硫丹产品。

关于硫丹在美国的生产量少有细节披露。根据美国环保局关于硫丹重新登记资格的决定（RED）（美国环保局，2002），基于 1990—1999 年的调查使用数据，估计每年的硫丹总使用量约为 138 万磅（约等于 62.5 万 kg）。而最新数据（2006—2008 年）显示，美国每年的硫丹总使用量为 38 万磅（约等于 17.2 万 kg）（美国环保局，2010a）。这说明美国硫丹使用量保持着总体下降趋势。这些数据也有助于粗略地估计硫丹产品的生产规模。由于已计划取消和逐步淘汰硫丹，预计硫丹的生产量和使用量将进一步下降。

在进出口方面，美国硫丹的进出口数据很难获取。根据《联邦杀虫剂、杀真菌剂和灭鼠剂法案》（FIFRA），美国环保局对硫丹的所有进出口活动进行监管和监测。硫丹产品的所有进口商和出口商都必须进行注册登记（美国环保局，2012a）。截至 2012 年 3 月，美国仅有 4 家生产硫丹产品的活跃注册商（美国国家农药信息检索系统，2012）。

除了被列入《联邦杀虫剂、杀真菌剂和灭鼠剂法案》外，硫丹还被列入《关于在国际贸易中对某些危险化学品和农药采用事先知情同意程序的鹿特丹公约》（以下简称《鹿特丹公约》），目前美国正在着手对该公约予以签署批准（美国环保局，2012a；粮农组织，2011b）。而《鹿特丹公约》可能会对《联邦杀虫剂、杀真菌剂和灭鼠剂法案》规定的现行进出口程序进行调整（美国环保局，2012a）。

2002—2012 年，硫丹作为广谱接触性杀虫剂和杀螨剂在美国注册，但被限制（非住宅）使用，仅用于商业目的种植的各种水果、蔬菜、谷物等。硫丹对蚜虫、果虫、甲虫、叶蝉、蛾类幼虫和粉虱等害虫尤其有效（美国环保局，2002，2010a）。限制使用分类要求注册产品只能由"经认证的农药施用者"或在经认证的农药施用者的直接监督下施用（美国环保局，2012b）。硫丹的施用主要是使用飞机或地面设备进行叶面喷洒，单次施用率为每英亩[①]0.5 ～ 2.5 磅（有效成分），施用间隔期最小为 5 ～ 15 d。季度或年度总施用率最大为每英亩 0.5 ～ 4.0 磅（有效成分）（美国环保局，2010a）。

自 2012 年 7 月 31 日起，美国环保局开始鼓励自愿取消和逐步淘汰硫丹，并计划于 2016 年 7 月 31 日结束硫丹使用。在这 4 年期间，逐步淘汰工作将分 6 个阶段进行，计划逐步结束硫丹在某些类型作物和产品上的使用（美国环保局，2012a）。表 2-1 列出了硫丹对某些作物最后使用日期的时间表。在整个逐步淘汰工作期间，限制使用分类仍然有效。

硫丹的历史使用趋势表明，在启动取消使用程序之前，硫丹的使用量正在逐步下降。表 2-2 列出了 1999—2004 年硫丹对作物的估计用量。硫丹在农业使用中用于棉花作物约占 20%（美国地质调查局，2012a）。根据美国地质调查局（USGS）2012 年的硫丹农药使用地图，1999—2004 年，硫丹的使用量集中（每平方英里 ≥ 0.26 磅）在加利福尼亚州中部、华盛顿州中部、爱达荷州南部、亚利桑那州南部、得克萨斯州东北部、北达科他州西北部、密歇根州东南部、肯塔基州中部、田纳西州北部、纽约州西部、宾夕法尼亚州南部、新泽西州南部、北卡罗来纳州东部、佐治亚州南部和佛罗里达州南部等地区。2006—2008 年数据显示，美国每年硫丹的使用量为 38 万磅（有效成分）（美国环保局，2010a）。

加利福尼亚州农药监管部（CDPR）报告称，2001—2010 年，该州硫丹的使用量与全美趋势保持一致。在加利福尼亚州，2001 年硫丹使用量达 153 479 磅，施用土地面积为 177 030 多英亩。到 2010 年，该州硫丹使用量下降到 35 877 磅，施用土地面积为 46 513 英亩（加利福尼亚州农药监管部，2011）。图 2-1 总结了 2001—2010 年加利福尼亚州硫丹的使用情况。

---

① 1 英亩 = 4 046.86 平方米（m²），1 磅 = 0.454 千克（kg）。

表 2-1　硫丹对某些作物最后使用日期的时间表

组别	最后使用日期	硫丹被淘汰使用的作物
A	2012 年 7 月 31 日	杏仁、杏、西兰花、孢子甘蓝、胡萝卜、花椰菜、芹菜（除亚利桑那州）、柑橘（未结果树）、羽衣甘蓝、干豆、干豌豆、茄子、榛子、甘蓝、球茎甘蓝、芥菜、油桃（仅限加利福尼亚州）、澳洲坚果、李子、西梅、杨树（种植用于获取纸浆和木材）、草莓（一年生）、红薯、酸樱桃、萝卜、核桃、观赏树、灌木、草本植物。 其他未列入上述类别或 B 组、C 组、D 组、E 组、F 组产品标签的使用
B	2012 年 7 月 31 日	卷心菜、芹菜（仅限亚利桑那州）、棉花、黄瓜、莴苣、未列入 A 组的核果类，包括油桃（除加利福尼亚州）、桃子、甜樱桃、夏瓜（哈密瓜、蜜瓜、西瓜）、西葫芦、烟草
C	2013 年 7 月 31 日	梨
D	2014 年 12 月 31 日	佛罗里达州的苹果、蓝莓、辣椒、土豆、南瓜、甜玉米、西红柿、冬瓜
E	2015 年 7 月 31 日	苹果、蓝莓、辣椒、土豆、南瓜、甜玉米、西红柿、冬瓜
F	2016 年 7 月 31 日	菠萝、草莓（多年生 / 两年生）、蔬菜种子作物（紫花苜蓿、西兰花、孢子甘蓝、卷心菜、花椰菜、大白菜、羽衣甘蓝、甘蓝、球茎甘蓝、芥菜、小萝卜、芜菁甘蓝、萝卜）

资料来源：美国环保局，2012e。

表 2-2　1999—2004 年硫丹对部分作物的估计用量

作物	总使用量 / 磅	全国使用百分比 /%
棉花	160 060	20.32
番茄	88 607	11.25
土豆	87 452	11.10
苹果	62 973	7.99
烟草	58 016	7.36
梨	43 730	5.55
黄瓜和咸菜	34 370	4.36
莴苣	33 267	4.22
绿豆	28 923	3.67
南瓜小果	28 632	3.63

资料来源：美国地质调查局，2012a。

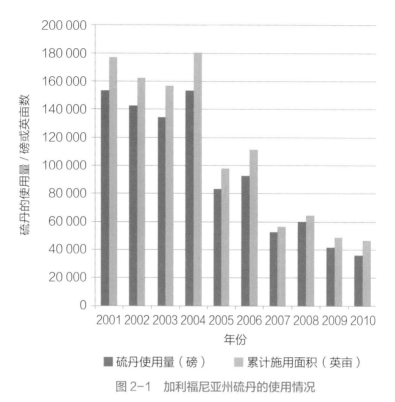

图 2-1　加利福尼亚州硫丹的使用情况

资料来源：加利福尼亚州农药监管部，2011。

2.1.2　库存硫丹的处理、处置

根据美国《资源保护和回收法》（RCRA），硫丹被列为危险废物，这意味着对硫丹产品的不当处理是违反联邦法律的（美国环保局，2001）。含硫丹废物的处理受到一系列联邦条例的控制。

由于硫丹不能用于住宅，因此通过家庭危险废物方案处理这种化学品是不被允许的，而且这些方案往往禁止农民参与。鉴于此，许多州都颁布了"清洁计划"（Clean Sweep Programs），允许对农场（包括那些不再注册的农场）的农药废物进行安全收集和处理。这些项目通常由州政府机构管理，资金来源包括农药登记费、收费基金、州基金、美国

环保局拨款、参与者费用、县基金、实物服务和其他拨款等多种渠道。有几个州建立了长期资助计划，而其他州提供的资助计划时间长短不一。大多数州至少举办过一次收集活动。

硫丹等危险废物需在高温危险废物焚化炉或经授权的危险废物填埋场进行处理。在一些州，未开封的注册产品可以通过产品交换、再分配和回收中心进行再利用（美国环保局，2001）。所有注册农药产品的标签上必须有贮存和处理说明，其中必须包括如何贮存与处理剩余物、清洁空容器和处理空容器的说明（美国环保局，2012c）。

2.1.3　美国环境保护局与 4 家公司关于含硫丹农药产品注册的谅解备忘录

本备忘录确定了以色列马克西姆化学有限责任公司（MCW）、北美特拉华州马克西姆·阿甘股份有限公司（MANA）、田纳西州德雷克塞尔化学公司（Drexel）、得克萨斯州 KMG-Bernuth 股份有限公司（KMG）（上述公司，单个公司简称注册商，全体简称各注册商）与美国环保局（EPA）代表——农药项目办公室（OPP）订立并签署的关于各注册商根据《联邦杀虫剂、杀真菌剂和灭鼠剂法案》（FIFRA）注册的含硫丹农药产品（硫丹产品）的协议（以下简称硫丹产品协议）的条款。本备忘录自 2010 年 7 月 22 日起生效。只要注册商按照硫丹产品协议规定的程序充分履行硫丹产品协议的条款，环保局目前无意根据《联邦杀虫剂、杀真菌剂和灭鼠剂法案》（FIFRA）（以下简称《法案》）第 6（b）或 6（c）节规定，就硫丹产品协议涉及的事项启动注销或暂缓程序，或要求进行硫丹产品协议未规定的任何注册变更，或采取任何行动来限制硫丹产品协议未规定的销售和分销行为。

硫丹产品协议的具体条款如下：

1. 依据《法案》第 6（f）节规定以及本协议规定的条件，各注册商申请自愿注销已根据《法案》申请的硫丹产品的所有注册信息，经后面签字有效。各注册商申请注销或终止涉及附录 A 所列农作物的农药用途，立即生效。各注册商申请注销或终止涉及附录 B 所列农作物的农药用途，自 2012 年 3 月 31 日起生效。各注册商申请注销或终止涉及附录 C 所列农作物的农药用途，自 2013 年 3 月 31 日起生效。各注册商申请注销或终止涉及附录 D 所列农作物的农药用途，自 2014 年 9 月 1 日起生效。各注册商申请注销或终止涉及附录 E 所列农作物的农药用途，自 2015 年 3 月 31 日起生效。各注册商申请注销或终止涉及附录 F 所列农作物的农药用途等用途，自 2016 年 3 月 31 日起生效。各注册商的申请是不可撤销、无条件的，本款另有规定的除外。这些申请附带明确的条件，即任意注销令必须包括本款关于注销有效期的条款以及本协议第 3 款关于已注销产品现有库存处理的条款。各注册商还申请环保局长免除第 6（f）（1）（C）（ii）节规定的 180 天征求意见期。

2. 环保局计划在本协议实施后立即发布联邦政府注册公告，宣布受理各注册商关于变更注册和自愿注销硫丹产品所有注册信息的申请，宣布为期 30 天的征求意见期。环保局期望在征求意见期满不久后批准本协议第 1 款规定的变更申请，并紧接着颁布最终法令，批准本协议第 1 款规定的注销或终止相关用途的申请。环保局期望变更注册在批准后立即生效。

3. 第 1 款规定的自愿注销申请附有明确的条件，即要包括涉及现有库存的以下条款。

（A）注册商申请自愿注销或终止附录 A 所列用途的，在应其申请出具的任何注销令中应包括以下条款：

（1）2010 年 12 月 31 日之前，允许各注册商销售和分销被授权附录 A 所列用途的任何产品的现有库存｛现有库存的定义见环保局现有库存政策［（56 FR 29 362（1991 年 6 月 26 日）］｝，在此之后，仅允许销售和分销符合《法案》第 17 节要求或拟为妥善处置目的而出口的产品；

（2）2010 年 12 月 31 日之前，允许将技术产品重新制为标有附录 A 所列用途的最终用途产品；

（3）2011 年 5 月 31 日之前，允许除注册商以外的其他人销售和分销被授权附录 A 所列用途的任何产品的现有库存，在此之后，仅允许销售和分销符合《法案》第 17 节要求或拟为妥善处置目的而出口的产品；

（4）2012 年 7 月 31 日之前，允许使用被授权附录 A 所列用途的任何最终用途产品的现有库存。

（B）注册商申请自愿注销或终止附录 B 所列用途的，在应其申请出具的任何注销令中应包括以下条款：

（1）2012 年 3 月 31 日之前，允许各注册商销售和分销被授权附录 B 所列用途的任何最终用途产品的现有库存，在此之后，仅允许销售和分销符合《法案》第 17 节要求或拟为妥善处置目的而出口的产品；

（2）2012 年 3 月 31 日之前，允许将技术产品重新制为标有附录 B 所列用途的最终用途产品；

（3）2012 年 5 月 31 日之前，允许除注册商以外的其他人销售和分销被授权附录 B 所列用途的任何产品的现有库存，在此之后，仅允许销售和分销符合《法案》第 17 节要求或拟为妥善处置目的而出口的产品；

（4）2012 年 7 月 31 日之前，允许使用被授权附录 B 所列用途的任何最终用途产品的现有库存。

（C）注册商申请自愿注销或终止附录 C 所列用途的，在应其申请出具的任何注销令中应包括以下条款：

（1）2013 年 3 月 31 日之前，允许各注册商销售和分销被授权附录 C 所列用途的任何最终用途产品的现有库存，在此之后，仅允许销售和分销符合《法案》第 17 节要求或拟为妥善处置目的而出口的产品；

（2）2013 年 3 月 31 日之前，允许将技术产品重新制为标有附录 C 所列用途的最终用途产品；

（3）2013 年 5 月 31 日之前，允许除注册商以外的其他人销售和分销被授权附录 C 所列用途的任何产品的现有库存，在此之后，仅允许销售和分销符合《法案》第 17 节要求或拟为妥善处置目的而出口的产品；

（4）2013 年 7 月 31 日之前，允许使用被授权附录 C 所列用途的任何最终用途产品的现有库存。

（D）注册商申请自愿注销或终止附录 D 所列用途的，在应其申请出具的任何注销令中应包括以下条款：

（1）2014 年 9 月 30 日之前，允许各注册商销售和分销被授权附录 D 所列用途的任何最终用途产品的现有库存，在此之后，仅允许销售和分销符合《法案》第 17 节要求或拟为妥善处置目的而出口的产品；

（2）2014 年 9 月 30 日之前，允许将技术产品重新制为标有附录 D 所列用途的最终用途产品；

（3）2014 年 10 月 31 日之前，允许除注册商以外的其他人销售和分销被授权附录 D 所列用途的任何产品的现有库存，在此之后，仅允许销售和分销符合《法案》第 17 节要求或拟为妥善处置目的而出口的产品；

（4）2014 年 12 月 31 日之前，允许使用被授权附录 D 所列用途的任何最终用途产品的现有库存。

（E）注册商申请自愿注销或终止附录 E 所列用途的，在应其申请出具的任何注销令中应包括以下条款：

（1）2015 年 3 月 31 日之前，允许各注册商销售和分销被授权附录 E 所列用途的任何最终用途产品的现有库存，在此之后，仅允许销售和分销符合《法案》第 17 节要求或拟为妥善处置目的而出口的产品；

（2）2015 年 3 月 31 日之前，允许将技术产品重新制造为标有附录 E 所列用途的最终用途产品；

（3）2015 年 5 月 31 日之前，允许除注册商以外的其他人销售和分销被授权附录 E 所列用途的任何产品的现有库存，在此之后，仅允许销售和分销符合《法案》第 17 节要求或拟为妥善处置目的而出口的产品；

（4）2015 年 7 月 31 日之前，允许使用被授权附录 E 所列用途的任何最终用途产品的现有库存。

（F）注册商申请自愿注销或终止附录 F 所列用途的，在应其申请出具的任何注销令中应包括以下条款：

（1）2016 年 3 月 31 日之前，允许各注册商销售和分销被授权附录 F 所列用途的任何最终用途产品的现有库存，在此之后，仅允许销售和分销符合《法案》第 17 节要求或拟为妥善处置目的而出口的产品；

（2）2016 年 3 月 31 日之前，允许将技术产品重新制为标有附录 F 所列用途的最终用途产品；

（3）2016 年 5 月 31 日之前，允许除注册商以外的其他人销售和分销被授权附录 F 所列用途的任何产品的现有库存，在此之后，仅允许销售和分销符合《法案》第 17 节要求或拟为妥善处置目的而出口的产品；

（4）2016 年 7 月 31 日之前，允许使用被授权附录 F 所列用途的任何最终用途产品的现有库存。

4.马克西姆·阿甘股份有限公司（MANA）、马克西姆化学有限责任公司（MCW）和德雷克塞尔化学公司（Drexel）申请对硫丹技术注册进行如下变更，经下面签字有效：

（A）要求在产品标签的使用说明中注明：本产品不得用于制造农药产品，但农药产品已于 2010 年 7 月 1 日后从环保局取得初步注册登记，或者环保局已于 2010 年 7 月 1 日后批准变更登记的除外。

（B）禁止 2010 年 12 月 31 日后使用技术产品制造涉及附录 A 所列用途的最终用途产品。

（C）禁止 2012 年 3 月 31 日后使用技术产品制造涉及附录 B 所列用途的最终用途产品。

（D）禁止 2013 年 3 月 31 日后使用技术产品制造涉及附录 C 所列用途的最终用途产品。

（E）禁止 2014 年 9 月 30 日后使用技术产品制造涉及附录 D 所列用途的最终用途产品。

（F）禁止 2015 年 3 月 31 日后使用技术产品制造涉及附录 E 所列用途的最终用途产品。

（G）禁止 2016 年 3 月 31 日后使用技术产品制造涉及附录 F 所列用途的最终用途产品。

2010 年 7 月 30 日之前，马克西姆·阿甘股份有限公司（MANA）、马克西姆化学有限责任公司（MCW）和德雷克塞尔化学公司（Drexel）应就目前标有附录 A、B、C、D、E、F 所列农作物／用途的每一硫丹制造用途产品，分别提交变更登记申请，修改这些已获准的制造用途产品的标识，使其包括第 4 款规定的禁止条款，删除现有已获准产品标识中与本款或者本协议规定不一致的措辞。

5.马克西姆·阿甘股份有限公司（MANA）、德雷克塞尔化学公司（Drexel）和 KMG-Bernuth 股份有限公司（KMG）申请对硫丹最终用途产品的注册登记进行如下变更，经下面签字有效：

（A）增加一项注册条件，即自 2010 年 12 月 31 日起，各注册商不得销售或分销未根据本协议进行标识变更的硫丹最终用途产品；

（B）增加一项注册条件，即各注册商应在产品标识上增加一个表格（严格按照附表 1 的格式），声明通过以下方式使用产品是非法的：(i) 2012 年 7 月 31 日后附录 A 和 B 所列用途，(ii) 2013 年 7 月 31 日后，附录 C 所列用途，（iii）2014 年 12 月 31 日后，在佛罗里达州使用附录 D 所列用途，（iv）2015 年 7 月 31 日后，附录 E 所列用途，（v）2016 年 7 月 31 日后，附录 F 所列用途，条件是终端用途标识只需包括本条信息中自 2010 年 7 月 1 日起适用于终端用途标识涉及用途的那部分内容即可。

6. 2010 年 7 月 30 日前，马克西姆·阿甘股份有限公司（MANA）、德雷克塞尔化学公司（Drexel）和 KMG-Bernuth 股份有限公司（KMG）应就目前标有附录 B、C、D、E、F 所列农作物／用途的每一硫丹最终用途产品，分别提交变更登记申请，修改这些产品已获准的标识，使其包括本协议附录 B、C、D、E、F 规定的可适用的所有削减措施，删除现有已获准产品标识中与附录 B、C、D、E、F 或者本协议规定不一致的措辞。

7. 各注册商一致同意，各注册商未遵守本协议规定的任意注册登记条件的，应根据《法案》第 6（e）节规定注销相应注册。

8. 根据本协议签发的注销令，应视为遵守根据《法案》第 3（c）（2）（B）节规定向注册商签发的、要求提交数据来支持硫丹产品注册登记的、所有数据的通知。各注册商的履约行为应视为根据《法案》第 3（c）（2）（B）（iv）节规定保障相关数据安全而采取的"适当措施"。只要本协议的条款被根据协议规定程序充分履行，环保局无意向各注册商发布涉及各注册商当前注册硫丹产品的进一步通知。环保局确实发布一项或多项此类通知的，环保局同意变更注销令，从注销令中删除相关用途。然而，有意注册登记硫丹产品的任何机构应按要求提交或引用必要数据，以便根据《法案》第3节作出申请。

9.本协议任何规定都不会得出食物残留中的硫丹对人体构成饮食风险的结论，或者要求环保局采取行动来取消对硫丹的容忍。各注册商通过履约行为表示，相信自本协议生效之日起，硫丹容忍对于支持环保局授权其他用途和/或向美国进口农产品是必要的，环保局承认对此知情。

10.本协议任何规定都不得被解读为阻止环保局根据《法案》或《联邦食品、药品和化妆品法案》(FFDCA)酌情发起任何诉讼，也不得被解读为阻止签署本协议的任何注册商对诉讼采取适当的辩护或质疑。签署协议的注册商应各自履行本协议规定义务。

11.目前环保局无意批准涉及含硫丹产品的任何注册申请，或者对现有注册登记进行任何变更，但注册登记包括本协议所有适用条款和条件的除外。环保局根据本协议以外的条款和条件批准或变更的，任意注册商可（通过酌情申请进行新注册登记或对现有登记进行变更）申请根据《法案》第3(c)(7)(A)节规定进行类似情况下的登记。环保局应根据《法案》第33节的各项要求和决定复核期，立即对申请作出回应。

12.各注册商一致同意，他们不会在任何司法或行政场合质疑本协议的任何条款，任何注销令或者第6(f)节规定的通知，或导致本协议生效的注销令或通知的中止，也不会为对以上提出质疑的任何人提供财务或技术支持。但是，前一句话并不代表本款的任何规定会限制注册商的以下权利：

（1）为任何其他机构提供涉及硫丹的信息，但是，有理由预期以上信息将被此机构用于起诉环保局，或者（以其他方式）

质疑本协议的任何条款或履约行为的除外；

（2）（在任何场合）质疑环保局未能自本协议生效之日起对硫丹适用环保局已修订的普遍适用政策或采纳政策，从而导致本协议的限制性条款或者注册商的义务发生实质性变化；

（3）（在任何场合）支持或参与质疑环保局普遍适用政策或举措、可能影响本协议的限制性条款或注册商义务的任何行动，包括支持或参与有质疑行为的任何商业协会或联合会的活动；

（4）为任何涉及人身伤害／中毒侵权的诉讼进行辩护，并在此类诉讼中加强任何辩护；

（5）提交硫丹产品注册申请，条件是申请不受 40 C.F.R. 第 164 部分 D 分部约束。

13. 假使任何人，不代表任何注册商，独自在任何司法场合断言本协议（或其任何条款）与环保局的任何义务不一致，或以其他方式提起诉讼、质疑本协议的合法性，并取得法庭指令，发现本协议任何条款不合法，从而限制注册商自本协议生效之日起销售或分销硫丹产品、使其用于任何合法用途的能力，那么，各注册商应被豁免履行本协议的一切义务，环保局应针对注册商根据法庭指令提出的任何申请采取紧急行动，变更注册内容，删除发布法庭指令时仍在标签上的所有用途的注销日期。本协议任何内容都不限制任何注册商干预任何诉讼程序、支持本协议合法性和正当性的权利。

14. 注册商认为第 13 款未提及的任何司法或行政诉讼程序或决定可能直接或间接影响本协议的，应尽快通知环保局这一想法。各注册商和环保局一致同意在环保局收到通知后合理的时间段内举行会议，真诚地探讨对本协议的任何变更是否合理，假设合理，真诚地进行协商，接受合理变更。

15. 本协议副本原件的数量不影响协议的履行，任一副本均视为合同原件，所有副本构成一项协议。协议任何一方履行其中一个副本的,其效力和效果等同于该协议方同时签署了其他副本。

16.在此确认并一致认为,本协议是由各注册商与环保局共同起草的。因此,协议各方一致同意,任何和所有解释规则,对协议起草方造成模棱两可的不利解读的,不适用于涉及本协议条款、含义和/或解读的任何争议。

17.本协议是环保局与各注册商达成的完整协议。此前任何形式的所有对话、会议、讨论、草案和书面文件都被本协议取代。对于协议各方来说,本协议的生效日期为本协议第一页所述日期,经协议方和环保局履行有效。除了本协议规定,协议双方未签署或交换过其他协议、陈述或意向。本协议条款经双方书面同意方可进行变更。

　　本协议自上述日期起由农药项目办公室和各注册商的授权代表执行。

农药项目办公室 　　　　　　　　　　日期：2010 年 7 月 22 日

马克西姆化学有限责任公司授权代表 　　　日期：

北美马克西姆·阿甘股份有限公司授权代表 　　日期：

德雷克塞尔化学公司授权代表 　　　　　日期：

KMG-Bernuth 股份有限公司授权代表 　　　日期：

附录 A

杏仁
杏
西兰花
孢子甘蓝
胡萝卜
花椰菜
芹菜（非亚利桑那州）
柑橘（幼树）
羽衣甘蓝
干豆
干豌豆
茄子
榛树
甘蓝
球茎甘蓝
芥菜
油桃（仅限加利福尼亚州）
澳洲坚果
李子和梅子
杨树纸浆用材林
草莓（一年生）
红薯
酸樱桃
萝卜
核桃

观赏树木、灌木、草本植物，包括羽叶槭、楝木、丁香、花旗松（用作观赏植物、苗木或圣诞树；仅限太平洋西北地区）、榆树、皮蕨、松树（南欧黑松、短叶松、红松、樟子松、北美乔松）、庭荫树（白桦树除外）、灌木、云杉（仅限新英格兰地区）、红豆杉、兰花、杂交杨树、圣诞树

可能出现在第 3 节注册标签上、第 24（c）节注册信息内，且未在上述所列用途或在附录 B、C、D、E、F 上的其他用途。

附录 B

卷心菜

削减措施：取消空中作业；仅限地面作业；延长可乳化浓缩物（EC）和可湿性粉剂（WP）的限制进入间隔（REI）到 4 天；延长可乳化浓缩物（EC）的采收安全间隔（PHI）到 17 天，延长可湿性粉剂（WP）的采收安全间隔（PHI）到 21 天。

芹菜（仅限亚利桑那州）

削减措施：取消空中作业；仅限地面作业；仅限在亚利桑那州使用；延长可乳化浓缩物（EC）和可湿性粉剂（WP）的限制进入间隔（REI）到 4 天；延长可乳化浓缩物（EC）的采收安全间隔（PHI）到 11 天，延长可湿性粉剂（WP）的采收安全间隔（PHI）到 16 天。

棉花

削减措施：取消空中作业；仅限地面作业；延长限制进入间隔（REI）到 10 天。

黄瓜

削减措施：取消空中作业；仅限地面作业；延长可乳化浓缩物（EC）和可湿性粉剂（WP）的限制进入间隔（REI）到 4 天；延长可乳化浓缩物（EC）的采收安全间隔（PHI）到 11 天，延长可湿性粉剂（WP）的采收安全间隔（PHI）到 16 天。

莴苣

削减措施：取消空中作业；仅限地面作业；延长可乳化浓缩

物（EC）和可湿性粉剂（WP）的限制进入间隔（REI）到4天。

未列入附录A的核果类，包括油桃（非加利福尼亚州）、桃子和甜樱桃。

削减措施：取消空中作业；仅限喷气；延长可乳化浓缩物（EC）的限制进入间隔（REI）到7天，延长可湿性粉剂（WP）的限制进入间隔（REI）到20天。

夏季瓜果（哈密瓜、蜜瓜、西瓜）

削减措施：保留空中作业和地面作业；延长可乳化浓缩物（EC）和可湿性粉剂（WP）的限制进入间隔（REI）到4天。

西葫芦

削减措施：取消空中作业；仅限地面作业；延长可乳化浓缩物（EC）和可湿性粉剂（WP）的限制进入间隔（REI）到4天。

烟草

削减措施：延长烟叶田处理的限制进入间隔（REI）到10天，延长烟叶苗床处理的限制进入间隔（REI）到13天。

附录 C

梨

削减措施：取消空中作业；仅限喷气；可乳化浓缩物（EC）比例降低 20%（暂时至每年每英亩 2.0 磅，即 $2\frac{2}{3}$ 夸脱；每百加仑 1/2 夸脱；相应地调整单次施用量）；可湿性粉剂（WP）比例降低 20%（暂时至每年每英亩 2.0 磅，即 4.0 磅产品；相应地调整单次施用量）；延长可乳化浓缩物（EC）的限制进入间隔（REI）到 7 天，延长可湿性粉剂（WP）的限制进入间隔（REI）到 20 天。

附录 D

在佛罗里达全境用于：

苹果

蓝莓

辣椒

马铃薯

南瓜

甜玉米

西红柿

冬瓜

附录 E

苹果

削减措施：取消空中作业；仅限喷气；可乳化浓缩物（EC）比例降低 20%（暂时至每年每英亩 2.0 磅，即 $2\frac{2}{3}$ 夸脱；每百加仑 1/2 夸脱；相应地调整单次施用量）；可湿性粉剂（WP）比例降低 20%（暂时至每年每英亩 2.0 磅，即 4.0 磅产品；相应地调整单次施用量）；延长可乳化浓缩物（EC）的限制进入间隔（REI）到 7 天，延长可湿性粉剂（WP）的限制进入间隔（REI）到 20 天。

蓝莓

削减措施：取消空中作业；仅限喷气和地面作业；对于低灌木型蓝莓，延长可乳化浓缩物（EC）的限制进入间隔（REI）到 10 天，延长可湿性粉剂（WP）的限制进入间隔（REI）到 15 天；对于高灌木型蓝莓，无须延长可乳化浓缩物（EC）的限制进入间隔（REI），延长可湿性粉剂（WP）的限制进入间隔（REI）到 22 天。

辣椒

削减措施：取消空中作业；仅限地面作业；延长可乳化浓缩物（EC）的限制进入间隔（REIs）到 4 天，延长可湿性粉剂（WP）的限制进入间隔（REIs）到 9 天。

马铃薯

削减措施：取消空中和施灌作业；仅限地面作业；延长可乳化浓缩物（EC）的限制进入间隔（REI）到 7 天，延长可湿性粉剂（WP）的限制进入间隔（REI）到 12 天。

南瓜

削减措施：取消空中作业；仅限地面作业；延长可乳化浓缩物（EC）的限制进入间隔（REI）到 7 天，延长可湿性粉剂（WP）的限制进入间隔（REI）到 12 天，以全面降低施用后、收获前的风险；延长可乳化浓缩物（EC）的采收安全间隔（PHI）到 11 天，延长可湿性粉剂（WP）的采收安全间隔（PHI）到 16 天，以全面降低施用后的人工收获风险。

甜玉米

削减措施：取消空中作业（仅限地面作业）；仅限机械收获；将可乳化浓缩物（EC）的限制进入间隔（REI）保留至 17 天。

西红柿

削减措施：取消空中作业、低压手持作业、手枪作业；仅限地面作业；取消温室作业；延长可乳化浓缩物（EC）的限制进入间隔（REI）到 4 天。

冬瓜

削减措施：取消空中作业；仅限地面作业；延长可乳化浓缩物（EC）的限制进入间隔（REI）到 7 天，延长可湿性粉剂（WP）的限制进入间隔（REI）到 12 天，以全面降低施用后、收获前的风险；延长可乳化浓缩物（EC）的采收安全间隔（PHI）到 11 天，延长可湿性粉剂（WP）的采收安全间隔（PHI）到 16 天，以全面降低施用后的人工收获风险。

附录 F

无额外的削减措施

菠萝

削减措施：取消空中和喷气作业；仅限地面作业；暂时将最大单次施用率降低到每英亩 1 磅；暂时将最大季度施用率降低到每英亩 2 磅；延长可乳化浓缩物（EC）的限制进入间隔（REI）到 10 天。

草莓（多年生／两年生）

削减措施：取消空中作业；仅限地面作业；延长可乳化浓缩物（EC）的限制进入间隔（REI）到 7 天，延长可湿性粉剂（WP）的限制进入间隔（REI）到 12 天。

留种用蔬菜作物（苜蓿、西兰花、孢子甘蓝、卷心菜、花椰菜、大白菜、羽衣甘蓝、甘蓝、球茎甘蓝、芥菜、小萝卜、芜菁甘蓝、萝卜）。

削减措施：取消空中作业；仅限地面作业；延长留种卷心菜的限制进入间隔（REI）到 23 天，延长留种苜蓿的限制进入间隔（REI）到 7 天，延长其他留种作物的限制进入间隔（REI）到 17 天。

附表 1

硫丹标识变更

2012年7月31日后法律禁止以下作物施用本产品	2012年7月31日后法律禁止以下作物施用本产品	2013年7月31日后法律禁止以下作物施用本产品	佛罗里达州 2014年12月31日后法律禁止在佛罗里达施用本产品以下作物产品	2015年7月31日后法律禁止以下作物施用本产品	2016年7月31日后法律禁止以下作物施用本产品
杏仁	卷心菜	梨	苹果	苹果	
杏	芹菜（仅亚利桑那州）		蓝莓	蓝莓	菠萝
西兰花			辣椒	辣椒	草莓（多年生／两年生）
孢子甘蓝	棉花		马铃薯	马铃薯	
胡萝卜			南瓜	南瓜	留种用蔬菜作物（苜蓿、西兰花、孢子甘蓝、卷心菜、花椰菜、大白菜、羽衣甘蓝、甘蓝、球茎甘蓝、芥菜、小萝卜、芜菁甘蓝、萝卜）
花椰菜	黄瓜		甜玉米	甜玉米	
芹菜（非亚利桑那州）			西红柿	西红柿	
柑橘（幼树）	莴苣		冬瓜	冬瓜	
羽衣甘蓝					
干豆	未列入附录A的核果类，包括油桃（非加利福尼亚州）、桃子和甜樱桃				
干豌豆					
茄子					
榛树					

2012 年 7 月 31 日后法律禁止以下作物施用本产品	2013 年 7 月 31 日后法律禁止以下作物施用本产品	佛罗里达州 2014 年 12 月 31 日佛罗里达州法律禁止以下作物施用本产品	2015 年 7 月 31 日后法律禁止以下作物施用本产品	2016 年 7 月 31 日后法律禁止以下作物施用本产品
甘蓝				
球茎甘蓝				
芥菜	夏季瓜果（哈密瓜、蜜瓜、西瓜）			
油桃（仅限加利福尼亚）				
澳洲坚果				
李子和梅子				
杨树纸浆用材林				
草莓（一年生）		西葫芦		
红薯				
酸樱桃				
萝卜			烟草	
核桃				
观赏树木、灌木、草本植物，包括羽叶槭、株木、丁香、花旗松（用作观赏植物，苗木或圣诞树；仅限大平洋西北地区）、榆树、皮蕨、松				

2012年7月31日后法律禁止以下作物施用本产品	2012年7月31日后法律禁止以下作物施用本产品	2013年7月31日后法律禁止以下作物施用本产品	佛罗里达州 2014年12月31日后法律禁止在佛罗里达州以下作物施用本产品	2015年7月31日后法律禁止以下作物施用本产品	2016年7月31日后法律禁止以下作物施用本产品
树（南欧黑松、短叶松、红松、樟子松、北美乔松）、庭荫树（白桦树除外）、灌木、云杉（仅限新英格兰地区）、红豆杉、兰花、杂交杨树、圣诞树					

2.2 加拿大

硫丹在加拿大用于控制多种粮食、饲料和观赏作物上的各类昆虫和节肢动物害虫。2007 年，加拿大卫生部有害生物管理局就对硫丹进行了初步重新评估，并要求采取具体的临时风险缓解措施。2010 年春季，加拿大卫生部有害生物管理局认为不能再支持硫丹的使用。与此同时，注册商开始逐步停止硫丹在加拿大和其他地方的所有使用。加拿大卫生部有害生物管理局在设计淘汰时间表时，还要求将硫丹使用相关信息考虑在内，以便有助于确定哪些作物尚需时间来开发出替代性虫害防治药剂进而需要更长时间来进行硫丹的逐步淘汰。

2.2.1 加拿大淘汰硫丹的进程

马克西姆·阿甘股份有限公司（Makhteshim-Agan of North America）和加拿大卫生部有害生物管理局商定了关于最后使用日期、使用条件和行政措施的计划，此举旨在进一步保护工人健康和水生环境，并在未来几年的逐步淘汰期内减少硫丹使用量，从而实现在 2016 年 12 月 31 日前用尽硫丹库存的目标。

修订后的产品标签中将对这些变化予以体现。注册农药产品的标签上会有具体的使用说明，包括保证健康和保护环境的措施。这些说明必须依法遵守。

2.2.2 加拿大逐步淘汰硫丹的实施情况

硫丹产品注册商和加拿大卫生部有害生物管理局在 2010—2011 年冬季完成包装和标签的修订。这样，可湿性粉剂制剂的现有库存便能贴上逐步淘汰的标签，该标签中包括最后使用日期表。新生产的 Thionex EC（硫丹乳油）和 Thionex 50WP-WSP（水溶性袋包装）在出售给用户时将贴上逐步淘汰标签。所有 Thionex WP 必须采用水溶性袋包装，否则不得允许进口。

2011 年 12 月 31 日之后，硫丹农药必须在标签上标明最后使用日期和逐步淘汰期间所要求的其他使用模式限制，才能获准销售。到 2012 年年中，Thionex 50WP 的库存将出售并使用殆尽，并且其市场份额将被Thionex 50WP-WSP 取代。

硫丹产品注册商于 2014 年 12 月 31 日前停止生产和销售硫丹农药产品。2015 年 12 月 31 日之后，其他人将被禁止销售硫丹农药产品。2016 年 12 月 31 日之后，硫丹产品将被禁止使用。

2.2.3　加拿大含硫丹产品包装和标签修订的主要内容

加拿大最终用途产品的包装和标签得到修订，其内容包括以下风险缓解措施：

1. 主瓶体上的 "用户须知" 显示每种作物 / 场地的最后允许使用日期。

用户须知

最后使用日期为 2010 年 12 月 31 日的作物如下：
所有产品制剂：苜蓿、三叶草、非甜质玉米、向日葵、菠菜、多肉豆类、多肉豌豆；
可湿性粉剂产品制剂：上述作物和田间西红柿、甜玉米、干豆和干豌豆

最后使用日期为 2012 年 12 月 31 日的作物 / 场地如下：
苹果、豆类（干）、西兰花、孢子甘蓝、卷心菜、花椰菜、玉米（甜）、葡萄、豌豆（干）、梨、芜菁甘蓝、芜菁、温室黄瓜、温室西红柿、食品加工厂外饵料站

最后使用日期为 2016 年 12 月 31 日的作物如下：
杏、芹菜、樱桃、黄瓜、茄子、莴苣（头）、甜瓜、观赏植物（室外）、观赏植物（温室）、桃子、辣椒、李子、土豆、南瓜、南瓜小果、草莓、甜菜、西红柿

注：2016 年 12 月 31 日起，在任何作物上或场地中使用本产品均属违法。
本产品不可用于家中或其他住宅区，包括公园、学校场地和运动场。本产品不供房主或其他未经认证的施用者使用。

2. 可湿性粉剂制剂的现有库存将全部贴上标签。此后可湿性粉剂制剂将采用水溶性袋包装。包装将包括水溶性包装袋的安全处理说明，说明应由注册商提供。

3. 保护人类健康的附加注意事项说明：

"为防紧急情况（如包装破损、溢出或设备损坏），应准备好个人防护装备并保证其即时可用，个人防护装备包括耐化学品工作服、耐化学品手套、耐化学品头套和美国国家职业安全卫生研究所（NIOSH）批准的呼吸器。"

"只有当喷雾飘移到人类居住区域或人类活动区域（房屋、农舍、学校和娱乐区域）的可能性很小时，才能使用本产品。应将风速、风向、逆温、施用设备和喷雾器考虑在内。"

"不要用处理过的作物做青贮饲料，不要把作物垃圾喂给牲畜，也不要让它们在处理过的场地进食。"

4. 关于施用者工程控制和个人防护装备的说明（酌情适用于 EC、WP-WSB 和 WP 标签制剂）：

A. 搅拌和装载液体

在搅拌 / 装载、清理和修理过程中，将工作服套在长袖衬衫和长裤上，穿戴上耐化学品的手套、鞋子和袜子。

搅拌机和装载机必须使用一个封闭的泵输送系统将产品密闭，以防止产品接触到处理人员或其他人。该系统必须能够从运输集装箱中取出产品，并将其转移到搅拌罐和 / 或施用设备中。

B. 搅拌和装载可湿性粉末

在搅拌 / 装载、清理和修理过程中，应在长袖衬衫和长裤上穿上耐化学性工作服，戴上耐化学品手套、耐化学品鞋靴和国家职业安全与健康研究所（NIOSH）批准的呼吸器。

C. 搅拌和装载水溶性袋装可湿性粉末

在长袖衬衫和长裤上穿工作服，穿戴上耐化学品的手套、鞋子和袜子。

D. 手持设备施用

在长袖衬衫和长裤上穿连体工作服，穿戴上耐化学品的手套、鞋子和袜子。

对于 EC（400 g 活性成分 /L）的处理：每人每天处理的产品数量不得超过 0.675 L（以 1.5 L 产品 /1 000 L 水的比率来计算，一个施用者每天可施用大约 450 L 的喷雾混合物）。

注：这一限制的实施旨在最大限度地减少产品与单个操作员的接触，但这也意味着施涂任务可能需要多天或使用多个施用者来完成。

对于 WP 和 WP-WSB（50% 活性成分）的处理：每人每天处理的产品不得超过 0.54 kg（以 1.2 kg 产品 /1 000 L 水的比率来计算，一个施用者每天可施用大约 450 L 的喷雾混合物）。

注：这一限制的实施旨在最大限度地减少产品与单个操作员的接触，但这也意味着施涂任务可能需要多天或使用多个施用者来完成。

E. 喷气设备的施用

喷气设备的施用者必须满足以下条件之一：

（i）使用提供物理屏障和呼吸保护的密闭驾驶室（即灰尘 /雾过滤和 / 或蒸汽 / 气体净化系统）。封闭式驾驶室必须有一个完全包围乘员并防止与驾驶室外部杀虫剂接触的耐化学品屏障。在长袖衬衫、长裤和鞋袜外穿上连体工作服。在离开驾驶室对设备进行校准、维修或清洁时，应准备好耐化学品手套；或

（ii）使用开放式驾驶室，在长袖衬衫、长裤、耐化学品鞋袜、耐化学品手套、耐化学品头套和 NIOSH 批准的呼吸器外穿上耐化学品工作服。耐化学品的头套包括大帽檐防水帽和有足够颈部保护的头套。施用过程中避免接触面部或身体其他未受保护的部位。

WP 和 WP-WSB（50% 有效成分）：对于杏、桃子、樱桃和李子，

每人每天处理的产品不得超过 32 kg（以 4.5 kg/hm^2 的比率来计算，每天可施用大约 7 hm^2）。

注：这一限制的实施旨在最大限度地减少产品与单个操作员的接触，但这也意味着施涂任务可能需要多天或使用多个施用者来完成。

F. 地面吊杆设备施用

提供物理屏障和呼吸保护的密闭驾驶室（即灰尘 / 雾过滤和 / 或蒸汽 / 气体净化系统）。封闭式驾驶室必须有一个完全包围乘员并防止与驾驶室外部杀虫剂接触的耐化学品屏障。在长袖衬衫、长裤和鞋袜外穿上连体工作服。在离开驾驶室对设备进行校准、维修或清洁时，应准备好耐化学品手套。

EC（400 g 有效成分 /L）：对于土豆，每人每天处理的产品不得超过 200 L（以 2 L 产品 /hm^2 的比率来计算，每天可施用大约 100 hm^2）。

注：这一限制的实施旨在最大限度地减少产品与单个操作员的接触，但这也意味着施涂任务可能需要多天或使用多个施用者来完成。仅限每隔一年使用。

WP 和 WP-WSB（50% 活性成分）：对于土豆，每人每天处理的产品不超过 174 kg（以 1.75 kg 产品 /hm^2 的比率来计算，每天可施用大约 100 hm^2）。

注：这一限制的实施旨在最大限度地减少产品与单个操作员的接触，但这也意味着施涂任务可能需要多天或使用多个施用者来完成。仅限每隔一年使用。

5. 每种作物的标签上均有"使用说明"，"使用说明"应包括以下有关硫丹的最大施用次数、最小施用间隔期（REI）、限制进入间隔期（REI）和采收安全间隔期（PHI）的说明。

硫丹的限制使用进入间隔期、采收安全间隔期、最大施用次数和最小喷洒间隔期

作物	活动	限制使用进入间隔期	采收安全间隔期	最大施用次数
硫丹乳油产品				
芹菜	所有活动	4 天	14 天	1 次
莴苣（头）	所有活动	4 天	14 天	2 次；最少间隔 7 天
黄瓜、甜瓜	所有活动	4 天	9 天	3 次；最少间隔 7 天
南瓜、南瓜小果	所有活动	7 天	9 天	3 次；最少间隔 7 天
茄子、辣椒、西红柿	所有活动	4 天	27 天	2 次；最少间隔 7 天
草莓	勘察、人工除草、灌溉、护根	4 天	7 天	2 次；最少间隔 7 天
	其他活动	7 天		
土豆	所有活动	5 天	5 天[1]	4 次/季；最少间隔 7 天。仅限每隔一年使用
甜菜	灌溉、勘察	10 天	45 天	1 次
	其他活动	2 天		
观赏植物（盆栽，切花）	所有活动	2 天	N/A[2]	2 次；最少间隔 7 天
观赏树木（包括圣诞树）	手持灌溉	3 天	N/A	2 次；最少间隔 7 天
	其他活动	2 天		
温室观赏植物	所有活动	2 天	N/A	每个作物周期 1 次
温室黄瓜、西红柿	所有活动	2 天	2 天	每个作物周期 1 次
豆类（仅干豆）	所有活动	2 天	2 天	2 次；最少间隔 7 天
西兰花、孢子甘蓝、卷心菜、花椰菜	所有活动	4 天	7 天	2 次；最少间隔 7 天
玉米（甜）	手卸料	17 天	50 天	1 次
	其他活动	10 天		
豌豆（罐头、种子）	所有活动	2 天	7 天	2 次；最少间隔 7 天
芜菁甘蓝、芜菁	所有活动	2 天	45 天	2 次；最少间隔 7 天

作物	活动	限制使用进入间隔期	采收安全间隔期	最大施用次数
可湿性粉剂 （WP 和 WP-WSP） 产品				
杏、桃子、樱桃、李子	蔬果	20 天	18 天	1 次；使用喷气设备；3 次；使用手持设备
	其他活动	7 天		
芹菜	所有活动	4 天	17 天	1 次
莴苣	所有活动	4 天	17 天	2 次；最少间隔 7 天
黄瓜、甜瓜	所有活动	4 天	13 天	2 次；最少间隔 7 天
南瓜、南瓜小果	手工除草、修剪、人工蔬果	12 天	13 天	2 次；最少间隔 7 天
	其他活动	10 天		
茄子、辣椒	所有活动	9 天	27 天	2 次；最少间隔 7 天
草莓	勘察、人工除草、灌溉、护根	7 天	12 天	2 次；最少间隔 7 天
	其他活动	12 天		
土豆	所有活动	5 天	5 天 [1]	2 次 / 季；最少间隔 7 天。仅限每隔一年使用
观赏植物（盆栽、切花）	所有活动	4 天	N/A	2 次；最少间隔 7 天
观赏树木（包括圣诞树）	手持灌溉	17 天	N/A	2 次；最少间隔 7 天
	其他活动	4 天		
温室观赏植物	所有活动	2 天	N/A	每个作物周期 1 次
温室黄瓜、西红柿	所有活动	2 天	2 天	每个作物周期 1 次
西兰花、孢子甘蓝、卷心菜，花椰菜	所有活动	9 天	9 天	2 次；最少间隔 7 天
葡萄	所有活动	2 天	30 天	2 次；最少间隔 7 天
苹果、梨	所有活动	4 天	15 天	2 次；最少间隔 7 天

1 如果限制使用进入间隔期比现有的采收安全间隔长，则增加采收安全间隔期长以匹配限制使用进入间隔期。

2 N/A：不适用。

2.3 欧盟

2.3.1 欧盟成员国硫丹使用情况

欧盟 7 个成员国被授权使用含硫丹产品，但是过去数年欧盟境内硫丹使用量在稳步下降。1999 年硫丹使用量为 490 t，其中约 90% 用在欧盟地中海地区。

根据奥斯陆 - 巴黎公约委员会 - 有害物质优选机制（OSPAR-DYNAMEC），植物保护行业提供了关于欧洲国家硫丹年消耗量的最新信息。欧洲各国硫丹消耗量见表 2-3。由表 2-3 可知，西班牙是欧盟境内主要的硫丹消耗国，使用量占总量近一半；其次是意大利（使用量约占总量的 20%）、希腊和法国（使用量各占总量的 15%）。表 2-3 中的数据表明，欧洲各国硫丹使用量出现分化趋势，即北部地区硫丹消耗量持续下降，南部地区稍微下降。

表 2-3 欧洲硫丹消耗量

国家	硫丹消耗量 / (t/a)					
	1994 年	1995 年	1996 年	1997 年	1998 年	1999 年
比利时 [a]	0	0	0	0	0	18.1
丹麦 [b]	1	0	0	0	0	0
芬兰 [c]	3.5	0.8	0.7	1.3	0.9	0
法国（北部）[d]	272.6	391.9	382.8	44.7	26	28
德国	0	0	0	0	0	0
爱尔兰	0.4	0.3	0.2	0.4	0.4	0
卢森堡	0	0	0	3.8	0	0
荷兰	0	0	0	0	0	0
挪威 [e]	1.7	1.8	0.8	0	0	0
瑞典	2	1.6	0	0	0	0
瑞士 [f]	57	3.9	10.9	9.9	9.8	7.6

国家	硫丹消耗量 / (t/a)					
	1994 年	1995 年	1996 年	1997 年	1998 年	1999 年
英国	6.8	3	0	3	2.4	1
奥地利	1.3	3.4	0	4.7	3	1.5
北欧	294.4	406.2	394.7	67.8	42.6	56.2
葡萄牙	6.6	5.6	5.5	0.5	0	3
西班牙	235	275.5	242.9	257	314	221
法国（南部）	60	60	61.5	47	29.4	42.8
意大利	146.4	175	140.2	113.2	91.2	90.6
希腊	94.2	105.7	116.2	105.2	50.9	73.8
南欧	542.2	621.8	566.3	522.9	485.5	478.4

数据来源：《安万特作物科学》。

a 1999—2000 年比利时的数据（销售统计）来自《第 5 次北海会议报告》。此前的销售量是为零还是未报道，尚不清楚。

b 根据丹麦环境保护署报告，1994 年硫丹使用授权被取消，此后再无硫丹销售。

c 芬兰的消耗数据根据芬兰环境研究所提供的信息进行了校正。2000 年消耗量再次上升到108 kg。

d 对于法国全境，《第 5 次北海会议报告》中 1999—2000 年降低的销售量为 200 t/a。

e 挪威的数据已根据 PDS 2001 后提供的信息进行了校正。

f 根据《第 5 次北海会议报告》，1999—2000 年瑞士境内湖泊下游的莱茵河流域使用量为 50 kg/a。

2.3.2　欧盟硫丹管制的相关规定

水 环 境 质 量 标 准 指 令（Water Environmental Quality Standards Directive）中规定，内陆水体硫丹的平均浓度限值为 0.005 μg/L，最大浓度限值为 0.01 μg/L，对于非内陆水体，其平均浓度和最大浓度限值分别为 0.000 5 μg/L 和 0.004 μg/L，平均采样时间均为 1 年。

根据《水框架指令》（2000/60/EEC），欧洲委员会确定了一份列有 33 种优先控制物质的清单，其中 11 种被选为与水生环境有着特殊关系的优先控制危险物质。这些物质将在采取措施后于 20 年内停止或逐渐不再向地表水、过渡水域或沿海水域排放，或流失于这些水域。硫丹已被列入优先控制物质清单。

（1）联合国欧洲经济委员会

硫丹已被列入《在环境问题上获得信息、公众参与决策和诉诸法律的公约》的《污染物释放和转移登记册议定书草案》的附录 II。这表明，鉴于某些阈值已被超过，设施的所有者或运营者必须报告某一污染物排放到各类环境相的年排放量、异地转移情况及其年产量、年处理量或年使用量。

（2）《奥斯陆-巴黎保护东北大西洋海洋环境公约》（OSPAR）

硫丹已被列入《奥斯陆-巴黎保护东北大西洋海洋环境公约》（OSPAR）及《优先行动化学物质清单》（2002 年更新）。2002 年 6 月 24—28 日，在阿姆斯特丹举行的一次会议上，《奥斯陆-巴黎保护东北大西洋海洋环境公约》成员国达成了以下会议摘要："硫丹及其代谢物硫丹硫酸盐为土壤和沉积物中的高度持久性物质。在持续暴露的情况下，硫丹具高度生物蓄积性，对所有生物都有很高的毒性。硫丹和硫丹硫酸盐是潜在的扰乱内分泌的化学物质。2000 年《奥斯陆-巴黎保护东北大西洋海洋环境公约》确定硫丹为需要采取优先控制行动的化学品并将其列入公约的《优先行动化学物质清单》。"

（3）北海会议

第 3 次北海会议同意将硫丹列为优先控制物质（见《海牙宣言》附录 1A）。《第 5 次北海会议进展报告》指出，在北海的 9 个入海河流国家中，有 7 个国家于 1985—1999/2000 年实现了水体中硫丹减排 50% 的目标。法国和英国硫丹减排量大为降低，德国、丹麦、荷兰、挪威、瑞典停止使用硫丹。比利时（18.1 t/a）和瑞士（0.05 t/a）未实现 50% 的减排目标。

2.4 澳大利亚

2.4.1 澳大利亚硫丹的主要用途和使用量

1960 年，硫丹在澳大利亚新南威尔士州首次登记为 Thiodan®，用于果树和蔬菜虫害防治。随后于 1965 年在新南威尔士州和 1968 年在昆士兰州被批准用于棉花虫害防治（澳大利亚农药和兽药管理局，APVMA，1998）。硫丹在澳大利亚使用 40 多年后，经过 1995—2010 年的多次审查，最终于 2012 年被禁用。国家农药监管机构——澳大利亚农药和兽药管理局于 2010 年 10 月取消了硫丹的批准和产品注册，并允许两年的逐步淘汰期。

硫丹主要用于棉花（比例 72%），其次是蔬菜（比例 20.5%）、豆类和油料作物（比例 3%）、果树（比例 4%）及其他（比例 < 0.5%），用于防治蚜虫、蓟马、甲虫、叶食性幼虫、螨类、地老虎、棉铃虫、粉虱、叶蝉等。

1995 年，在 APVMA 对硫丹进行审查之前，澳大利亚每年进口约 900 t 工业级硫丹，相当于约 290 万 L 浓缩产品，其中，约 210 万 L 硫丹浓缩物用于棉花。然而，自 1998 年发布第一份审查报告以来，澳大利亚的硫丹使用量大幅下降，2004—2008 年分别大幅降至 125.2 t、119.4 t、116.4 t、74.1 t 和 89.9 t。硫丹使用量的年度变化主要是由棉花种植区驱动的，因为硫丹是棉花种植的主要使用者。此外，单位面积的硫丹使用量在 1998 年之后也大幅下降（图 2-2）。截至 1998 年，硫丹在棉花上的使用量为 $1.5 \sim 2.7$ kg 有效成分 /hm^2，这取决于每个种植季节的施用数量。从那时起，它的使用量急剧下降至不到 1 kg 有效成分 /hm^2。有两个重要因素促成了硫丹使用量的大幅减少。一个是执行 1998 年中期审查报告中概述的建议措施，另一个是引进转 *Bt* 基因抗虫棉。1996—1997 年，澳大利亚引进了转 *Bt* 基因抗虫棉 INGARD，2001—2002 年引进了 Bollgard 棉花，这使得棉花生产对硫丹的需求量大幅下降。

1998 年，澳大利亚登记的含有硫丹成分的产品有 15 种，包括两种配方：一种是 240 g/L 和 295 g/L 的超低容量（ULV）杀虫剂，另一种是 350 g/L 的乳油（EC）。超低容量制剂几乎只用于棉花，乳油制剂也主要用于棉花，但也大量使用在番茄和蔬菜田中。在 1998 年的中期报告之后，

APVMA 于 2001 年 3 月取消了超低容量产品的注册和标签批准，原因是担心喷雾飘移对牲畜的危害以及由此对澳大利亚出口贸易造成的风险。

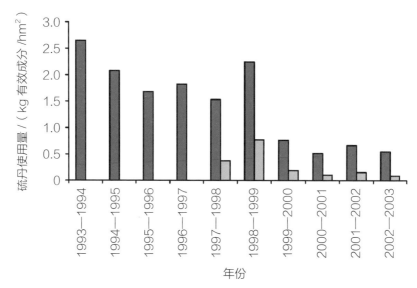

■ 硫丹使用量－传统棉花　■ 硫丹使用量－转基因抗虫棉 INGARD

硫丹的使用量已换算为 kg 有效成分 /hm²（APVAM, 2005）。

图 2-2　1993—2003 年澳大利亚硫丹的使用量

2.4.2　澳大利亚硫丹的审查与评估

自 1960 年引进硫丹以来，澳大利亚对硫丹进行了多次审查。1968年，澳大利亚国家卫生和医学研究委员会（NHMRC）首次审议了硫丹的毒理学问题。自 1995 年以来，APVMA 进行了 3 次全面审查，审查报告分别于 1998 年、2005 年和 2010 年发布。

（1）1995—1998 年中期审查（1998 年审查）

1995 年 11 月，由于硫丹可能对健康和环境产生影响，商品中的残留物可能对贸易产生影响，APVMA 开始对硫丹进行第一次全面审查。审查涵盖了硫丹的所有现行核准、产品注册和相关标签核准，以确定是否可以继续使用，而不会对工人安全、公共健康、贸易和环境造成影响。

1998 年 8 月发布了中期审查报告《国家注册管理局（NRA）对硫丹的审查》，该报告指出，因硫丹价格低廉，对有益昆虫"温和"，并可作为抗药性管理的替代药剂，建议澳大利亚继续使用硫丹。若硫丹退市将导致更多的杀虫剂进入市场，进而导致虫害的抗药性增加，从而对农业工人和环境造成更大的风险。

然而，1998 年中期报告指出，地表水特别是棉花种植区水体中的硫丹污染水平相对较高，由于硫丹的水生毒性较高，引起了公众对河流系统的关注。20 世纪 70 年代中期至 1995 年，新南威尔士州和昆士兰州报道了一些水体中鱼类死亡事件。喷雾飘移、水汽输送和径流是农药进入河流系统的主要途径，其中，喷雾飘移和水汽输送导致硫丹对河流生态系统的低剂量但持续性的污染，而径流则会造成高浓度的硫丹污染。

为了允许继续使用硫丹，1998 年中期报告建议对硫丹的登记用途进行若干修改，要求提供关于硫丹残留物和职业健康与安全的补充数据，并设定了减少地表水中硫丹水平的目标。其主要规定包括：宣布硫丹产品为限用化学产品；要求硫丹使用者接受技术培训；限制每个季节硫丹的使用量；实施强制性缓冲区，在棉田施用硫丹之前须告知临近农户；取消超低量硫丹产品的登记；对个人防护设备提出新要求。这些措施被认为是继续使用硫丹所必须遵守的。

（2）2002—2005 年补充审查（2005 年审查）

1998 年 8 月中期审查报告发布后，又采取了若干额外措施来降低出口牛肉中的硫丹残留。1998 年 11—12 月在棉花种植区的牛肉中检测到硫丹残留物，硫丹残留可能严重影响澳大利亚在其国际贸易伙伴中的声誉，并威胁到 40 亿美元的澳大利亚牛肉出口业。因此，1999 年 3 月，澳大利亚 APVMA 要求对所有标签进行修订，以避免对澳大利亚的国际牛肉贸易造成不必要的损失。其中最重要的新规定包括新的标签说明、使用剂量、缓冲区设置及减少漂移发生的技术措施等。

对更多的环境残留物数据进行评估后，2002 年澳大利亚进一步限制了硫丹的使用，以期解决硫丹残留对贸易和人类健康的影响。此次公布的限制措施包括暂停产品注册和标签批准，禁止在某些作物（梨、甘蓝和叶菜）中使用，禁止在许多大田作物生长后期进行喷雾，并规定了额外的停药期和牲畜饲养限制。

2005 年 6 月发布了最终报告，题为"最终审查报告和管制决定，重新审议对硫丹有效成分含量的批准、含硫丹产品的登记及其相关标签"。最终报告建议继续对硫丹进行登记，因为硫丹不太可能对环境造成危害。同时还撤销了暂停硫丹注册和标签批准的规定。然而，对硫丹实行了用途限制，例如禁止某些用途，增加新的标签说明，修改保留产品用途的停药期、安全指示和重新进入声明。棉花种植者和牲畜生产者必须采取具体的管理措施，允许继续在棉田使用硫丹，但不允许在豆类蔬菜中使用硫丹。

自 1999 年以来，水生生态系统中硫丹的检测浓度大幅下降，这是由于实施了限制措施，同时，采用了棉花最佳管理手册（BMP），以及转 Bt 基因抗虫棉花的种植使得对硫丹的需求量下降。

（3）2010 年审查

2011 年，《关于持久性有机污染物的斯德哥尔摩公约》将硫丹作为一种潜在的持久性有机污染物进行审议，随后许多国家限制了硫丹的使用，由此引发 APVMA 重新审查了硫丹对环境的影响。自 2005 年完成硫丹审查以来，已有大量关于硫丹毒性及其环境影响的资料。

现已确定硫丹具有长残留性、生物富集、远距离迁移和毒性等特点，它可以从施药地点传播很远的距离，对非靶标生物造成致死或亚致死危害。硫丹对大多数动物群体具有剧毒，在相对较低的接触水平下可表现出急性和慢性效应。

现已采用总残留方法来评估硫丹的残留性（Jones, 2002, 2003），包括 α- 异构体和 β- 异构体，以及主要代谢产物硫丹硫酸盐和一些转化产物（硫丹二醇、硫丹内酯、硫丹醚、硫丹羟醚、硫丹羧酸）。母体化合物和转化衍生物都保留了双环六氯降冰片烯的基本结构，并且很可能具有长残留性（Silva et al., 2010）。

残留性将延长农药与生物的接触时间，而生物富集将增加该农药在环境中的累积量。研究表明，硫丹可通过食物链进行生物富集（Alonso et al., 2008; Kelly et al., 2003; Morris et al., 2008）。硫丹的缓慢生物降解特性延长了其在空气、土壤和水中的持久性（Becker et al., 2011；Akhil et al., 2012; Mrema et al., 2013），因此，人类在生活中接触到硫丹是不可避免的。硫丹具有亲脂性，可进行生物富集，目前已在野生动物、食物链和人体组织（包括脂肪组织、胎盘、脐带血和母乳）中检测到硫丹（Cerrillo et al., 2005）。Kelly 等（2003，2007）的研究表明，硫丹的生物放大作用与吸气式脊椎动物，如陆生、海洋哺乳动物和人类的食物链密切相关，且对 β- 硫丹的生物富集作用更加明显，吸气式脊椎动物对 β-硫丹的生物富集作用是陆地食草动物的 2.5 倍，是陆地食肉动物的 28 倍。

鉴于硫丹广泛存在于远离施用地点的偏远地区的环境分区和生物群中，加之对硫丹代谢物作用的了解有限，2010 年审查报告认为，硫丹具有远距离异地传播的潜力，并可能对环境造成重大不利影响，无法采取任何缓解措施来有效地保护环境不受持续接触硫丹的影响，继续使用硫丹可能会对动物、植物或环境造成意想不到的影响。因此，2010 年审查报告建议取消对硫丹活性成分的核准、硫丹产品的注册和相关标签的核准，并给予两年的缓冲时间逐步停止硫丹产品的供应和使用。

2.4.3　硫丹的管制措施

1998 年和 2005 年的审查报告中硫丹获准持续使用，但在 2010 年审查报告中全面取消。其间，APVMA 采取了一系列的管制措施。

（1）出口屠宰间隔（ESI）

由于饲料作物被硫丹直接污染或因喷雾飘移引起的间接污染，

1998—1999 年，澳大利亚在牛体内检测到硫丹残留。为了消除肉类中可能存在的残留风险，对出口牛肉规定了为期 42 天的出口屠宰间隔。这意味着，如果以含有（或怀疑含有）硫丹残留物的植物材料喂养牲畜，则建议在喂养此类材料 42 天后才能宰杀牲畜。其间如果提供清洁饲料，预计在出口屠宰前牛体内累积的硫丹残留物将减少到可接受的水平。

（2）增加标签限制

通过在产品标签中增加了一系列标签限制和警示条款，对硫丹的使用实行了更严格的限制，如禁止在梨、甘蓝和叶菜等某些作物中使用硫丹（APVMA，2005）。同时，通过降低单次使用量和使用次数，大大减少硫丹的总用量。例如，注册标签对"棉田使用条件"进行了严格的控制，施药时间（空中施药）被限制在新南威尔士州的 11 月 15 日至 1 月 15 日和昆士兰州的 11 月 1 日至 12 月 31 日，最高使用剂量为 735 kg 有效成分 /hm²，最多喷洒 3 次。此外，作为硫丹主要用户群体的棉花行业也采用了最佳虫害管理措施，这些措施的有效实施使得 2000—2001 年和 2001—2002 年水体环境中的硫丹残留量大幅减少。

（3）停药期（WHP）

停药期是指从最后一次施用农药到采摘、收获或使用作物商品供动物或人类食用之间必须经过的最短时间，以确保其处理产品中硫丹的残留物不超过最大残留限量。

停药期和摄食限制于 2002 年 9 月开始实施，2005 年 6 月被取代，这一措施有效降低了牲畜体内硫丹的残留量。例如，玉米和高粱饲料需要 8 周的停药期及 42 天的出口屠宰间隔，以避免违反最大残留量限制。同样，对豆类和蔬菜采用为期 4 周的停药期及 42 天的出口屠宰间隔。必要时，所有产品标签上也需包括牲畜饲养限制，例如"不得将棉花饲料、残茬或废弃物喂给牲畜"。

（4）降低飘移

硫丹的喷雾飘移导致非靶标损害和牛肉超量残留，尤其是利用飞机进行喷雾作业时，药剂飘移更严重。喷雾飘移主要来自棉花、油菜、高粱、向日葵、土豆田施用硫丹。影响喷雾飘移程度的因素较多，如喷雾高度、天气条件、施用方法和施用次数、作物结构和生产方式。使用乳油配方和引入大缓冲带是减少喷雾飘移的两个有效措施。地面喷施需设置 300 m 以上的缓冲区，空中喷施需设置 2 000 m 以上的缓冲区。

（5）取消超低容量（ULV）制剂

为了避免硫丹的喷雾飘移对牲畜造成危害，并由此对澳大利亚的出口贸易造成风险，2001 年 3 月，APVMA 取消了硫丹超低容量制剂的注册和标签批准。

（6）转 *Bt* 基因抗虫棉的种植

转 *Bt* 基因抗虫棉花 INGARD 于 1996—1997 年在澳大利亚进行商业化推广，Bollgard 棉花于 2001—2002 年在澳大利亚商业化推广。转 *Bt* 基因抗虫棉的引入大大减少了棉田的硫丹需求量，降低了河岸集水区，特别是棉花种植区的硫丹污染。

（7）2002 年 9 月暂停注册和标签审批

在梨、甘蓝或叶菜中检测出硫丹残留，也引起了公众对人类健康的担忧。APVMA 于 2002 年 9 月暂停了所有（5 种）硫丹产品的注册和标签批准，并采取了召回措施。

（8）空桶的处理

对废旧容器的处置作出了具体要求。若要弃置容量小于 100 L 的空容器，使用者必须在弃置前进行标准的 3 次冲洗或最好是压力冲洗，并将冲洗液添加到喷雾罐中。未经稀释的化学品不能就地处置。如果回收，应更换盖子并将清洗干净的容器送回回收商或指定的收集点。如果不回收，应打破、压碎或刺破空容器，并埋在地方政府指定的垃圾填埋场。如果没有垃圾填埋场，则应将容器埋在 500 mm 以下的特定处置坑中，处置坑应设置清除水道、适宜的植被等。坚决禁止焚烧空容器和产品。

对于大型容器（110 L 和 1 000 L），当硫丹使用完毕或不再使用时，应及时将其退回采购点。

（9）禁用硫丹

由于硫丹会发生生物富集，并可进行长距离传播，可通过喷雾飘移和径流对环境造成不利影响，因此，澳大利亚于 2010 年 10 月取消了硫丹登记，淘汰期为两年。

2.4.4　高毒过期农药的处置

在澳大利亚，使用者有责任妥善处置化学废物，如不需要或过时的化学品和空容器。不恰当地处置不需要的化学物质会导致水污染和农作物受损。特别是空容器可能会对好奇的儿童和动物的健康造成危害。除害剂使用者在弃置过程中需遵守以下一般准则：

- 阅读标签上的处置说明；
- 处置产品时应穿适当的衣服；
- 丢弃受污染的衣物，防护设备或材料；
- 对任何处置保持准确的记录，记录每次处置的日期和组成。

为协助处理农药，澳大利亚作物生命协会制定了全国协调的收集方案，通过 drumMUSTER 收集空容器，通过 ChemClear 收集不需要的化学品。

（1）通过 drumMUSTER 收集空集装箱

随着时间的推移，数以百万计的空化学容器（如果不收集）将堆积在农场上，对环境、人类和动物健康构成严重威胁。通过澳大利亚作物生命协会、兽医制造商和经销商协会、全国农民联合会和地方政府之间的伙伴关系，建立了一个名为"drumMUSTER"的空容器收集计划（http://www.drummuster.org.au）。该计划由 AgStewardship 公司征收的税款资助，AgStewardship 公司的设立是为了与 ChemClear 公司一起为澳大利亚农业部门制定管理方案。AgStewardship 与 Agsafe Ltd 签订合同，代表其交付 drumMUSTER 和 ChemClear 项目。化学品使用者在购买带有

drumMUSTER 标志的合格产品时，每升或每千克需缴纳 6 美分的税。
这项税收用于支持 drumMUSTER 及其相关项目 ChemClear。

　　drumMUSTER 是一种环境保护的方法，它将空的 Agvet 化学容器
回收成有用的产品，如灌溉管、栅栏柱和轮式垃圾桶。全澳大利亚有超
过 830 个 drumMUSTER 收集点。自 1999 年启动 drumMUSTER 计划以来，
已收集了 3 600 多万个化学容器，相当于从垃圾堆填区转移了 40 720 t
材料。它是回收农场废物的有效途径，也降低了农场风险和环境风险。

　　空容器在收集之前要清洗干净。由玻璃、金属、塑料和厚纸制成的
容器需要进行 3 次冲洗或压力冲洗，以有效地去除大部分残留的化学物
质。3 次漂洗是最常用的方法，适用于体积达 20 L 的小容器。它不仅通
过在喷雾罐中使用漂洗液来节省资金，还确保使用过的容器不再是一种
危险。

　　drumMUSTER 只对 1 ～ 205 L 的集装箱进行回收，不接受大型散
装集装箱。大多数中型散货箱的回收、整修和再循环是由一些专有方案
管理的。空中型散货箱可送回原来购买的商店，或通过收集公司在现场
收集。

　　（2）通过 ChemClear 处理不需要的杀虫剂

　　许多农场都有不需要的或过期的化学物质。已经设立了一个国家收
集计划"ChemClear"来管理这一问题（http://www.chemclear.org.au）。
该计划还由 Agsafe Limited 代表 AgStewardship Australia Limited 通过跨
组织伙伴关系推行。自 2003 年引入 ChemClear 以来，该计划已收集和
处置了超过 751 t 过期、遗留和未知的 Agvet 化学品。

　　建立无用化学品收集网上登记系统。根据澳大利亚各地区和州
收到的化学品登记数量，可以安排收集活动以满足需求。平均而言，
ChemClear 每年进行 2 ～ 3 次州级收集和几次地区性收集。鼓励废物持
有者尽快清点和登记其化学品。这些注册将有助于确定在该地区安排收
集活动的必要性。

2.4.5 非法使用农药的处罚

澳大利亚警方、澳大利亚安全工作局和州或地区政府当局共同监测和强制执行非法使用农药的行为，并可对其进行法庭诉讼。

在新南威尔士州，州环保局监督 1999 年第 80 号《农药法》的遵守情况，该法概述了一系列违法行为和相关处罚。一般情况下，公司的最高刑罚为 12 万美元，而个人的最高刑罚则为 6 万美元。例如，除害剂使用者如没有有效的化学品应用许可证，或在使用、运输、贮存和处置该化学品时不遵守产品标签，即属刑事罪行。可以向正在造成或已经造成杀虫剂污染（如重大化学品泄漏）的人发出清理通知。对于以不符合环境要求的方式使用除害剂而导致除害剂污染的人，可向其发出预防通知。如不遵守这些通知，即属违法，会被处以重罚。如违例者在接获要求时作出虚假或误导性陈述，不遵守法庭命令，不遵守农产品中除害剂残余限量，或因不正确使用除害剂，使用未注册除害剂而对人、动物或植物造成伤害，也会被处以相应的罚款。

另外还有与环保局编写和发布这些通知或命令相关的行政管理费用。再次违反 1999 年《农药法》的个人和公司的处罚费用分别为 500 ～ 750 美元和 500 ～ 1 500 美元，再次违反《2017 年农药条例》的个人和公司的处罚费用分别为 125 ～ 500 美元和 250 ～ 1 000 美元。

2.5　新西兰

在新西兰，硫丹用于多种农作物的病虫害防治，包括蔬菜、浆果、柑橘和观赏植物，以及烟草种植。2008 年 12 月，新西兰环境风险管理局在评估了硫丹的风险后，撤销了对硫丹的批准，并禁止其在新西兰的进口、制造和使用。禁令于 2009 年 1 月生效，禁令要求用户需要在 12 个月内来处置所有未使用的库存。该公告中还明确了硫丹的贮存和处置相关要求。在贮存方面，要求硫丹的持有人和收集者必须确保硫丹只存放在合适的容器中，并保存在防潮通风和有溢出物拦截的建筑物和地点，以使对人、动物、农作物和环境的污染风险降至最低。在处置方面，规定了硫丹的处置方式，主要包括：一是使用改变该物质的特性或组成的方法处理该物质，以使该物质或该处理的任何产品不再是有害物质；二是在符合《控制危险废物越境转移及其处置巴塞尔公约》经济合作与发展组织（OECD）第 C（2001）107 号决定的有关的前提下出口该物质作为废物进行无害环境处置。公告要求所有硫丹库存必须在该公告生效12 个月内进行处置完毕。为了保证硫丹废物得到有效处置，环境风险管理局一直与相关区域委员会、废物处理承包商和行业协会合作，以确保在截止日期之前安全地处置所有库存。除环境风险管理局外，一项农村回收计划"Agrecovery"也会参与到收集硫丹的工作当中来。

第 3 章
我国硫丹生产、
使用和管理

3.1 我国硫丹的生产情况

检索中国农药登记信息系统，有 28 家企业具有硫丹及其制剂的生产历史。其中，原药生产企业 2 家，制剂生产企业 26 家。上述企业的生产登记均于 2018 年 6 月到期。其中，两家原药生产企业为江苏快达农化股份有限公司和江苏安邦电化有限公司，其原药生产登记有效期分别截至 2015 年 12 月、2018 年 5 月。2009—2018 年，我国 28 家企业硫丹及其制剂累计生产情况见表 3-1。

表 3-1 我国 28 家企业硫丹及其制剂生产情况

序号	登记证持有人	农药产品名称	2009—2018 年总产量 /t
1	山东聊城赛德农药有限公司	25% 水胺·硫丹乳油	6.5
2	江苏丰山集团股份有限公司	25% 氰戊·硫丹乳油	1 460.9
3	威海韩孚生化药业有限公司	40% 硫丹·辛硫磷乳油	0.0
4	广西安泰化工有限责任公司	18% 氯氰·硫丹乳油	523.5
5	青岛星牌作物科学有限公司	350 g/L 硫丹乳油	0.0
6	陕西美邦药业集团股份有限公司	350 g/L 硫丹乳油	0.0
7	安徽省合肥益丰化工有限公司	350 g/L 硫丹乳油	0.0
8	江西欧氏化工有限公司	350 g/L 硫丹乳油	0.0
9	新疆伊宁市合美化工厂	35% 硫丹乳油	0.0
10	江西中迅农化有限公司	10% 溴氰·硫丹乳油	42.5
11	江西威敌生物科技有限公司	18% 氯氰·硫丹乳油	6.4
12	衡水市聚明化工科技有限公司	350 g/L 硫丹乳油	371.0
13	河南省安阳市五星农药厂	36% 硫丹·辛硫磷乳油	545.0
14	山东海利莱化工科技有限公司	20% 硫丹·灭多威乳油	0.0
15	广西田园生化股份有限公司	20% 硫丹·灭多威乳油	797.3
16	陕西省蒲城美尔果农化有限责任公司	350 g/L 硫丹乳油	0.0
17	浙江威尔达化工有限公司	350 g/L 硫丹乳油	1 979.7
		328 g/L 溴氰·硫丹乳油	349.2

---

* 第 3 章由张扬编写。

序号	登记证持有人	农药产品名称	2009—2018 年总产量 /t
18	河北中保绿农作物科技有限公司	35% 硫丹·辛硫磷乳油	1.4
19	江苏辉丰生物农业股份有限公司	45% 硫丹·辛硫磷	164.9
20	安徽金土地生物科技有限公司	35% 硫丹乳油	0.0
21	陕西先农生物科技有限公司	350 g/L 硫丹乳油	60.7
22	江苏龙灯化学有限公司	350 g/L 硫丹乳油	408.7
23	浙江省杭州宇龙化工有限公司	350 g/L 硫丹乳油	989.9
24	陕西华戎凯威生物有限公司	20% 高氯·硫丹乳油	0.0
25	江苏安邦电化有限公司	35% 硫丹乳油	8 756.0
		96% 硫丹原药	3 050.0
26	京博农化科技有限公司	355 硫丹乳油	676.8
27	江苏快达农化股份有限公司	22% 氰戊·硫丹乳油	由于企业搬迁，已无法对产量数据进行溯源
		35% 硫丹乳油	
		94% 硫丹原药	
28	德州绿霸精细化工有限公司	350 g/L 硫丹乳油	296.7

　　企业生产硫丹一方面是出于消化上游产品六氯环戊二烯的需要。六氯环戊二烯产能可达 1 万 t，但需求逐年减少，2014 年产量仅 4 000 多 t，其中有很大一部分用来生产硫丹。已经开发出的六氯环戊二烯的下游产品为阻燃剂德克隆、环氧树脂固化剂等，两者是消化六氯环戊二烯的新途径。江苏安邦电化有限公司于 2018 年 12 月 25 日前停产硫丹原药，而江苏快达农化股份有限公司已于 2014 年停止了硫丹原药的生产。2006—2014 年两家公司硫丹原药产量见表 3-2。

表 3-2　2006—2014 年快达、安邦硫丹原药产量

单位：t

年份	2006	2007	2008	2009	2010	2011	2012	2013	2014
快达产量	227	148	246	120	150	350	300	450	200
安邦产量	0	689.72	351.97	484.51	750.3	521.58	822.05	503.56	520.03
总产量	227	837.72	597.97	604.51	900.3	871.58	1 122.05	953.56	720.03

28家企业2009—2018年每年硫丹及其相关制剂产品的累计产量如图3-1所示。

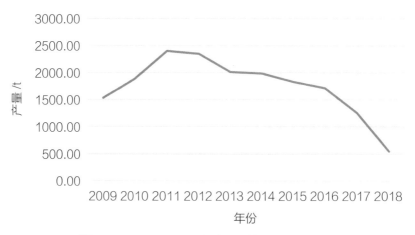

图3-1　2009—2018年硫丹及其相关制剂产品累计产量

数据来源：企业调研数据。

从硫丹及其相关产品每年累计产量来看，高峰期是2011年和2012年，产量达到2 400 t左右。2012年以后逐年下降，尤其是2016年之后，急剧下降，到2018年，产量仅为500余t。

我国发布的一系列对硫丹及其相关产品产量的管理政策，对企业的影响很大。2010年前后，国外公司退出中国硫丹市场，国内公司2011年和2012年产量大增，补充了这部分市场空缺。2013年8月，全国人民代表大会常务委员会批准了《〈关于持久性有机污染物的斯德哥尔摩公约〉新增列硫丹修正案》。2012年以后，硫丹及其相关产品产量显著下降。2017年7月，农业农村部发布的第2552号公告，规定自2018年7月1日起，撤销全部含硫丹产品的农药登记证，自2019年3月26日起，禁止含硫丹产品在农业上使用。因此，2016年以后，国内硫丹及其相关产品产量急剧下降。

3.2　我国硫丹的使用情况

硫丹在我国推广使用以来，主要登记用于防治棉田棉铃虫、烟草蚜虫和烟草青虫、茶园茶尺蠖和茶小绿叶蝉、苹果黄蚜和苹果红蜘蛛、梨木虱、小麦蚜虫，有个别登记用于防治甘蔗棉蚜。自 2001 年的硫丹登记中，用于防治棉田棉铃虫 51 个；烟草蚜虫和烟草青虫 12 个；苹果黄蚜 9 个，苹果红蜘蛛 1 个；茶尺蠖和茶小绿叶蝉 8 个；小麦蚜虫 1 个，梨木虱 1 个。目前，中国登记硫丹仅用于棉花和烟草两种作物。目前硫丹在我国仅登记用于棉铃虫、烟草青虫、烟草蚜虫防治。

我国学者贾宏亮估算了我国 1994—2004 年硫丹的使用清单。其估算结果显示，硫丹的使用可分为两个阶段：第一阶段为 1994—1997 年，硫丹仅在棉花上使用，每年的使用量大概在 1 400 t。第二阶段为 1998—2004 年，硫丹在中国的年均使用量在 3 000 t 左右，使用的作物有棉花、小麦、茶树、烟草和苹果树。1994—2004 年，我国共使用硫丹 25 700 t。由于 α- 硫丹和 β- 硫丹的比例为 7∶3，所以这一时期 α- 硫丹的用量为 17 990 t，β- 硫丹的用量为 7 710 t。

硫丹在棉花上的使用量要远高于其他作物，估计有 15 000 t；其次是小麦，估计有 4 000 t，茶树为 3 000 t，烟草和苹果树为 2 000 t。在省级层面，河南省是使用量最大的省，总使用量达到了 4 000 t，其次是新疆维吾尔自治区，总使用量为 3 200 t，山东、河北和安徽分列三、四、五位，使用量分别为 3 000 t、2 100 t 和 1 900 t。在地级市层面，使用量最高的是河南省的周口市，总使用量为 780 t；其次是河南省的南阳市，为 630 t；江苏省的盐城市排第三位，为 610 t；河南省的商丘为 590 t，山东省的菏泽为 587 t（贾宏亮，2010）。

3.3 我国硫丹的出口情况

由于国家政策趋严，2012 年之后硫丹及其相关产品产量大减，由于其剧毒性、生物蓄积性和内分泌干扰素作用，硫丹已经在多个国家被禁止使用，主要包括欧盟，以及一些亚洲和西非国家。因此，硫丹及其相关产品出口也呈现逐年下降趋势。2012—2018 年我国硫丹及其相关产品出口情况如表 3-3 所示。

表 3-3　2012—2018 年我国硫丹及其相关产品出口情况

年份	硫丹及其相关产品出口量（实物量）/t
2009	—
2010	—
2011	原药　196.7
	制剂 1 198.3
2012	原药　155.9
	制剂 1 040.0
2013	原药　182.0
	制剂　736.8
2014	原药　153.3
	制剂　636.4
2015	原药　29.1
	制剂　213.9
2016	原药　69.0
	制剂　83.9
2017	原药　40.0
	制剂　45.8
2018	制剂　6.3

数据来源：农业农村部农药检定所。

由表 3-3 可以看到，硫丹及其相关产品出口呈现直线下降趋势，且降幅巨大，到 2018 年，出口量已极小。出口国主要包括土耳其、津巴布韦、刚果（金）和马来西亚。

3.4　我国关于硫丹的管理制度与法规

3.4.1　国家农药管理制度

作为一种农药，硫丹受到国家农药管理制度的制约。以《农药管理条例》为基础，我国建立了一套涉及农药登记、生产、使用和进出口的较为完整的农药安全管理体系。其中，农药登记制度、农药生产许可制度、农药经营许可制度、农药安全使用管理制度和农药进出口登记管理制度构成了我国农药管理的基本制度体系。

（1）农药登记制度

《农药管理条例》（2017 年 2 月 8 日国务院第 164 次常务会议修订通过）第七条规定："国家实行农药登记制度。农药生产企业、向中国出口农药的企业应当依照本条例的规定申请农药登记，新农药研制者可以依照本条例的规定申请农药登记。国务院农业主管部门所属的负责农药检定工作的机构负责农药登记具体工作。省、自治区、直辖市人民政府农业主管部门所属的负责农药检定工作的机构协助做好本行政区域的农药登记具体工作。"

《农药管理条例》第八条规定："国务院农业主管部门组织成立农药登记评审委员会，负责农药登记评审。农药登记评审委员会由下列人员组成：（一）国务院农业、林业、卫生、环境保护、粮食、工业行业管理、安全生产监督管理等有关部门和供销合作总社等单位推荐的农药产品化学、药效、毒理、残留、环境、质量标准和检测等方面的专家；（二）国家食品安全风险评估专家委员会的有关专家；（三）国务院农业、林业、卫生、环境保护、粮食、工业行业管理、安全生产监督管理等有关部门和供销合作总社等单位的代表。"

《农药管理条例》第九条规定："申请农药登记的，应当进行登记试验。农药的登记试验应当报所在地省、自治区、直辖市人民政府农业主管部门备案。新农药的登记试验应当向国务院农业主管部门提出申请。国务院农业主管部门应当自受理申请之日起 40 个工作日内对试验的安全风险及其防范措施进行审查，符合条件的，准予登记试验；不符合条件的，书面通知申请人并说明理由。"

《农药管理条例》第十三条明确规定："农药登记证应当载明农药名称、剂型、有效成分及其含量、毒性、使用范围、使用方法和剂量、登记证持有人、登记证号以及有效期等事项。农药登记证有效期为5 年。"

（2）农药生产许可制度

《农药管理条例》第十七条规定："国家实行农药生产许可制度。农药生产企业应当具备下列条件，并按照国务院农业主管部门的规定向省、自治区、直辖市人民政府农业主管部门申请农药生产许可证：（一）有与所申请生产农药相适应的技术人员；（二）有与所申请生产农药相适应的厂房、设施；（三）有对所申请生产农药进行质量管理和质量检验的人员、仪器和设备；（四）有保证所申请生产农药质量的规章制度。"

"省、自治区、直辖市人民政府农业主管部门应当自受理申请之日起 20 个工作日内作出审批决定，必要时应当进行实地核查。符合条件的，核发农药生产许可证；不符合条件的，书面通知申请人并说明理由。安全生产、环境保护等法律、行政法规对企业生产条件有其他规定的，农药生产企业还应当遵守其规定。"

《农药管理条例》第二十一条规定："农药生产企业应当严格按照产品质量标准进行生产，确保农药产品与登记农药一致。农药出厂销售，应当经质量检验合格并附具产品质量检验合格证。

农药生产企业应当建立农药出厂销售记录制度，如实记录农药的名称、规格、数量、生产日期和批号、产品质量检验信息、购货人名称及其联系方式、销售日期等内容。农药出厂销售记录应当保存 2 年以上。"

（3）农药进出口管理制度

《农药管理条例》第二十九条规定："境外企业不得直接在中国销售农药。境外企业在中国销售农药的，应当依法在中国设立销售机构或者委托符合条件的中国代理机构销售。向中国出口的农药应当附具中文标签、说明书，符合产品质量标准，并经出入境检验检疫部门依法检验合格。禁止进口未取得农药登记证的农药。办理农药进出口海关申报手续，应当按照海关总署的规定出示相关证明文件。"

根据《农药管理条例》和《鹿特丹公约》（PIC）的有关规定，自1999 年 7 月 1 日起，农业部和海关总署对进出口农药实施登记证明管理。凡在我国进出口农药（含原药和制剂），进出口单位须向农业部申请办理"进出口农药登记证明"，海关凭农业部签发的"进出口农药登记证明"办理进出口手续。未取得"进出口农药登记证明"的农药，一律不得进出口。2006 年，农业部和海关总署联合发布了《中华人民共和国进出口农药登记证明管理名录》，硫丹名列其中。

3.4.2 危险化学品管理制度

硫丹作为一类中等毒性的杀虫剂，属于《危险化学品目录（2018 版）》中所列的危险化学品，属于危险化学品管理范畴。《危险化学品安全管理条例》（国务院令第 344 号，2002 年 3 月 15 日施行；国务院令第591 号，2011 年 12 月 1 日施行；国务院令第 645 号，2013 年 12 月 7日施行）建立了涵盖危险化学品生产、使用、经营、运输、储存和进出口、废弃以及事故应急的全过程安全管理体系，并确定了多部门分工负责的中国化学品管理机制，如表 3-4 所示。

表 3-4   中国现行国家危险化学品行政管理体制

中央政府行政管理部门	管理和监督职责
应急管理部门	负责危险化学品安全监督管理综合工作，组织确定、公布、调整危险化学品目录，对新建、改建、扩建生产、储存危险化学品（包括使用长输管道输送危险化学品，下同）的建设项目进行安全条件审查，核发危险化学品安全生产许可证、危险化学品安全使用许可证和危险化学品经营许可证，并负责危险化学品登记工作
公安部门	负责危险化学品的公共安全管理，核发剧毒化学品购买许可证、剧毒化学品道路运输通行证，并负责危险化学品运输车辆的道路交通安全管理
质量监督检验检疫部门	负责核发危险化学品及其包装物、容器（不包括储存危险化学品的固定式大型储罐，下同）生产企业的工业产品生产许可证，并依法对其产品质量实施监督，负责对进出口危险化学品及其包装实施检验
生态环境主管部门	负责废弃危险化学品处置的监督管理，组织危险化学品的环境危害性鉴定和环境风险程度评估，确定实施重点环境管理的危险化学品，负责危险化学品环境管理登记和新化学物质环境管理登记；依照职责分工调查相关危险化学品环境污染事故和生态破坏事件，负责危险化学品事故现场的应急环境监测
交通运输主管部门	负责危险化学品道路运输、水路运输的许可以及运输工具的安全管理，对危险化学品水路运输安全实施监督，负责危险化学品道路运输企业、水路运输企业驾驶人员、船员、装卸管理人员、押运人员、申报人员、集装箱装箱现场检查员的资格认定。铁路主管部门负责危险化学品铁路运输的安全管理，负责危险化学品铁路运输承运人、托运人的资质审批及其运输工具的安全管理。民用航空主管部门负责危险化学品航空运输以及航空运输企业及其运输工具的安全管理
卫生主管部门	负责危险化学品毒性鉴定的管理，负责组织、协调危险化学品事故受伤人员的医疗卫生救援工作
工商行政管理部门	依据有关部门的许可证件，核发危险化学品生产、储存、经营、运输企业营业执照，查处危险化学品经营企业违法采购危险化学品的行为
邮政管理部门	负责依法查处寄递危险化学品的行为

《危险化学品安全管理条例》建立了涵盖危险化学品生产、经营、储存和运输的一系列安全管理制度，主要包括危险化学品生产、储存、使用、经营和运输的安全管理及许可制度（第十四条、第十八条和第二十九条），以及危险化学品登记制度（第六十六条）和危险化学品事

故应急制度（第七十条）。其中，规定由生态环境主管部门负责组织危险化学品的环境危害性鉴定和环境风险程度评估，确定实施重点环境管理的危险化学品，负责危险化学品环境管理登记和新化学物质环境管理登记（第六条）；同时还规定，生产实施重点环境管理的危险化学品的企业，应当按照国务院生态环境主管部门的规定，将该危险化学品向环境中释放等相关信息向生态环境主管部门报告（第十六条）。生态环境主管部门可以根据情况采取相应的环境风险控制措施。

3.5　政府层面出台的禁令情况

3.5.1　关于硫丹的行政及履约管理规定

2011 年 4 月召开的《关于持久性有机污染物的斯德哥尔摩公约》第 5 次缔约方大会将硫丹列入受控 POPs 物质清单。

2011 年 6 月 15 日，农业部、环境保护部等五部委联合发布的《进一步禁限用高毒农药管理措施的公告》（公告第 1586 号）规定，自本公告发布之日（2011-06-15）起停止受理硫丹等 22 种农药新增田间试验申请、登记申请及生产许可申请；停止批准含有上述农药的新增登记证和农药生产许可证（生产批准文件）。撤销硫丹在苹果树、茶树上的登记。本公告发布前已生产产品的标签可以不再更改，但不得继续在已撤销登记的作物上使用。

2013 年 8 月 30 日，第十二届全国人民代表大会常务委员会第四次会议批准《〈关于持久性有机污染物的斯德哥尔摩公约〉新增列硫丹修正案》。

2014 年 3 月 25 日，环境保护部、外交部、国家发展和改革委员会、科技部、工业和信息化部、住房城乡建设部、农业部、商务部、国家卫生和计划生育委员会、海关总署、国家质量监督检验检疫总局、国家安全生产监督管理总局 12 部委联合发布关于《关于持久性有机污染物的斯德哥尔摩公约》新增九种持久性有机污染物的《关于附件 A、附件 B 和附件 C 修正案》和新增列硫丹的《关于附件 A 修正案》生效的公告，并提出，自 2014 年 3 月 26 日起，禁止硫丹除特定豁免用于防治棉花棉铃虫、烟草烟青虫的生产和使用外的生产、流通、使用和进出口。对于特定豁免用途的，中国已申请五年豁免期，应抓紧研发替代品，确保豁免到期前全部淘汰。

2016 年 7 月 26 日，第八届全国农药登记评审委员会第十九次全体会议纪要中指出，根据《关于持久性有机污染物的斯德哥尔摩公约》，硫丹在我国使用豁免至 2019 年 3 月 26 日。会议建议，适时撤销硫丹的农药登记证，按照国际公约规定的承诺时限禁止在农业上使用。

2017 年 5 月 12 日，农业部办公厅向有关部门发布《关于征求硫丹等 5 种农药禁限用管理措施意见的函》，在征求意见函中，拟自 2018 年 7 月 1 日起，撤销所有硫丹产品的农药登记证；自 2019 年 3 月 27 日起，禁止所有硫丹产品在农业上使用。

2017 年 7 月 14 日，农业部发布公告第 2552 号，规定：自 2018 年 7 月 1 日起撤销含硫丹产品的农药登记证；自 2019 年 3 月 26 日起禁止含硫丹产品在农业上使用。

2017 年 8 月 31 日，农业部制定了《限制使用农药名录（2017 版）》（中华人民共和国农业部公告 第 2567 号），硫丹被列入限制使用农药名录。

2019 年 3 月 11 日，生态环境部等 11 部委联合发布《关于禁止生产、流通、使用和进出口林丹等持久性有机污染物的公告》，公告中指出，自 2019 年 3 月 26 日起，禁止林丹和硫丹的生产、流通、使用和进出口。

2019 年 10 月 30 日，根据中华人民共和国国家发展和改革委员会令第 29 号《产业结构调整指导目录（2019 年本）》的有关规定，硫丹作为落后产品被列为淘汰产品，自 2020 年 1 月 1 日起施行。

3.5.2　关于硫丹的控制标准规定

我国关于硫丹的控制标准主要体现在《食品安全国家标准　食品中农药最大残留限量》（GB 2763—2021）中，该标准对于硫丹的具体规定如表 3-5 所示。残留物为 α- 硫丹和 β- 硫丹及硫丹硫酸酯之和。

表 3-5　我国硫丹在食品中农药最大残留限量规定

食品类别	食品名称	最大残留限量 /（mg/kg）
谷物	稻类	0.05
	麦类	0.05
	旱粮类	0.05
	杂粮类	0.05
	成品粮	0.05
油料和油脂	小型油籽类	0.05
	中型油籽类	0.05
	大型油籽类	0.05
	油脂	0.05
蔬菜	鳞茎类蔬菜	0.05
	芸薹类蔬菜	0.05
	叶菜类蔬菜	0.05
	茄果类蔬菜	0.05
	瓜类蔬菜	0.05
	豆类蔬菜	0.05
	茎类蔬菜	0.05
	根茎类和薯芋类蔬菜	0.05
	水生类蔬菜	0.05
	芽菜类蔬菜	0.05
	其他类蔬菜	0.05
干制蔬菜	—	0.05
水果	柑橘类水果	0.05
	仁果类水果	0.05
	核类水果	0.05
	浆果和其他小型类水果	0.05
	热带和亚热带类水果	0.05
	瓜果类水果	0.05
干制水果	—	0.05
坚果	坚果（榛子、澳洲坚果除外）	0.05
	榛子	0.02
	澳洲坚果	0.02

食品类别	食品名称	最大残留限量 / （mg/kg）
糖料	—	0.05
饮料类	饮料类（茶叶除外）	0.05
	茶叶	10
食用菌	—	0.05
调味料	—	0.05
药用植物	—	0.5
哺乳动物肉类（海洋哺乳动物除外），以脂肪中残留量表示	—	0.2
哺乳动物内脏类（海洋哺乳动物除外）	猪肝	0.1
	牛肝	0.1
	山羊肝	0.1
	绵羊肝	0.1
	猪肾	0.03
	牛肾	0.03
	山羊肾	0.03
	绵羊肝	0.03
禽肉类	—	0.03
禽类内脏	—	0.03
蛋类	—	0.03
生乳	—	0.01

参考文献

[1] Chakraborty P, Zhang G, Li J, et al. Selected organochlorine pesticides in the atmosphere of Major Indian Cities: Levels, regional versus local variations, and sources. Environmental Science & Technology, 2010, 44: 8038-8043.

[2] Daly G L, Lei Y D, Teixeira C, et al. Pesticides in Western Canadian Mountain air and soil. Environmental Science & Technology, 2007, 41: 6020-6025.

[3] Harman-Fetcho J A, Hapeman C J, et al. Pesticide occurrence in selected South Florida Canals and Biscayne Bay during high agricultural activity. Journal of Agricultural and Food Chemistry, 2005, 53: 6040-6048.

[4] Kim L, Jeon J-W, Son J-Y, et al. Nationwide levels and distribution of endosulfan in air, soil, water, and sediment in South Korea. Environmental Pollution, 2020, 265: 115035.

[5] Liu X, Zhang G, Li J, et al. Seasonal patterns and current sources of DDTs, chlordanes, exachlorobenzene, and endosulfan in the atmosphere of 37 Chinese cities. Environmental Science & Technology, 2009, 43: 1316-1321.

[6] Niu L, Xu C, Zhu S, et al. Residue patterns of currently, historically and never-used organochlorine pesticides in agricultural soils across China and associated health risks. Environmental Pollution, 2016, 219: 315-322.

[7] Qiu X, Zhu T, Wang F, et al. Air–Water gas exchange of organochlorine pesticides in Taihu Lake, China. Environmental Science & Technology, 2008, 42: 1928-1932.

[8] Sun H, Qi Y, Zhang D, et al. Concentrations, distribution, sources and risk assessment of organohalogenated contaminants in soils from Kenya, Eastern Africa. Environmental Pollution, 2016, 209: 177-185.

[9] Sun Y, Chang X, Zhao L, et al. Comparative study on the pollution status of organochlorine pesticides (OCPs) and bacterial community diversity and structure between plastic shed and open-field soils from northern China. Science of The Total Environment, 2020: 741, 139620.

[10] Thiombane M, Petrik A, Di Bonito, et al. Status, sources and contamination levels of organochlorine pesticide residues in urban and agricultural areas: a preliminary review in central-southern Italian soils. Environmental Science

And Pollution Research International, 2018, 25: 26361-26382.

[11] Weber J, Halsall C J, Muir D, et al Endosulfan, a global pesticide: a review of its fate in the environment and occurrence in the Arctic. Science of The Total Environment, 2010, 408: 2966-2984.

[12] Xu X, Yang H, Li Q, et al. Residues of organochlorine pesticides in near shore waters of Laizhou Bay and Jiaozhou Bay, Shandong Peninsula, China. Chemosphere, 2007, 68: 126-139.

[13] Yadav I C, Devi N L, Li J, et al. Occurrence, profile and spatial distribution of organochlorines pesticides in soil of Nepal: implication for source apportionment and health risk assessment. Science of The Total Environment, 2016, 573: 1598-1606.

[14] Zhan L, Lin T, Wang Z, et al. Occurrence and air–soil exchange of organochlorine pesticides and polychlorinated biphenyls at a CAWNET background site in central China: Implications for influencing factors and fate. Chemosphere, 2017: 186, 475-487.

[15] Zhang Z, Huang J, Yu G, et al. Occurrence of PAHs, PCBs and organochlorine pesticides in the Tonghui River of Beijing, China. Environmental Pollution, 2004, 130: 249-261.

[16] Zhang Z L, Hong H S, Zhou J L, et al. Fate and assessment of persistent organic pollutants in water and sediment from Minjiang River Estuary, Southeast China. Chemosphere, 2003, 52: 1423-1430.

[17] 贾宏亮. 硫丹在中国土壤大气中空间分布及传播的研究 [D]. 大连 : 大连海事大学 , 2010.

[18] 彭成辉 , 黄仲文 , 黄岑彦 , 等 . 宁波市东部地区大气中有机氯污染物的时空分布和污染特征 . 农业环境科学学报 , 2019, 38(284): 787-797.

[19] 瞿程凯 , 祁士华 , 张莉 , 等 . 戴云山脉土壤有机氯农药残留及空间分布特征 . 环境科学 , 2013, 34, 4427-4433.

[20] Jones W. Degradation of [14C] Endosulfan in two aerobic water/sediment systems. Reference: C022921. EU Additional Information Dossier, 2002.

[21] Jones W. Degradation of [14C] Endosulfan in two aerobic water/sediment systems (under acid conditions). Reference: C031060. EU Additional Information Dossier, 2003.

[22] Silva M, Beauvais S. Risk assessment for acute, subchronic, and chronic exposure to pesticides: endosulfan. In: Hayes' Handbook of Pesticide

Toxicology (3rd ed), R. Krieger ed. Academic Press, 2010: 499-522. .

[23] Alonso E, Tapie N, Budzinski H, et al. A model for estimating the potential biomagnification of chemicals in a generic food web: preliminary development. Environ. Sci. Pollut Res Int., 2008, 15(1): 31-40.

[24] Kelly B C, Gobas F A P C. An arctic terrestrial food-chain bioaccumulation model for persistent organic pollutants. Environ Sci Technol., 2003, 37(13): 2966-2974.

[25] Mrema E J, Rubino F M, Brambilla G, et al. Persistent organochlorinated pesticides and mechanisms of their toxicity. Toxicol., 2013, 307: 74-88.

[26] Akhil P S, Sujatha C H. Prevalence of organochlorine pesticide residues in groundwaters of Kasargod District, India. Toxicol. Environ. Chem., 2012, 94: 1718-1725.

第 4 章
我国棉花和烟草行业
硫丹替代情况研究

2014 年 3 月 25 日，环境保护部、外交部、国家发展和改革委员会等 12 部委联合发布关于《关于持久性有机污染物的斯德哥尔摩公约》新增九种持久性有机污染物的《关于附件 A、附件 B 和附件 C 修正案》和新增列硫丹的《关于附件 A 修正案》生效的公告，并提出，自 2014 年 3 月 26 日起，禁止硫丹除特定豁免用于防治棉花棉铃虫、烟草烟青虫的生产和使用外的生产、流通、使用和进出口。对于特定豁免用途的，中国已申请 5 年豁免期，应抓紧研发替代品，确保豁免到期前全部淘汰。为此，本章主要研究我国棉花和烟草行业近年来种植情况、虫害发生及防治情况和硫丹及其制剂的替代情况。

4.1　我国棉花种植行业现状与硫丹替代情况

4.1.1　我国棉花种植区域划分与主栽品种

我国是世界棉花种植大国，棉花栽培品种多样，除西藏、青海、内蒙古、黑龙江、吉林等北方省和自治区外均有种植。以区域布局划分，目前我国棉花种植主要分为三大块，即长江流域棉区、黄河流域棉区和西北内陆棉区。其中，长江流域棉区包括湖南、湖北、江苏、江西、浙江、上海、安徽、四川等省（市），适于栽培中熟陆地棉；黄河流域棉区包括河南、河北、山东、山西、陕西、辽宁等省（市），适于栽培中、早熟陆地棉；西北内陆棉区包括新疆和甘肃，是我国最适宜、最大和最具有发展潜力的棉花种植区，适于栽培中、早熟陆地棉或中、早熟海岛棉。尤其是新疆地区，其主栽品种来源复杂，有军棉 1 号、炮台棉、新陆早 1 号、新陆中 1 号等当地品种，也有从内地引进的中棉系列和鲁棉、冀棉、鄂棉和湘棉等系列。最近几年推广的新品种有新陆早 42 号、50 号、52 号、57 号、61 号和新陆中 21 号、54 号、71 号、73 号、76 号等。新疆的南疆和东疆还是我国长绒棉的生产基地，其棉花以纤维长、色泽洁白、拉力强著称。

---

* 第 4 章 4.1 由丁兆龙、陈燕、张扬和杨森编写。

4.1.2　我国棉花种植业发展趋势与现状

（1）全国棉花种植业发展趋势与现状

据统计，2007 年我国棉花种植总面积和总产量分别为 590 余万 hm^2 和 760 余万 t，到 2016 年分别下降至不足 335 万 hm^2 和 530 万 t，2007—2016 年我国棉花栽培和总产均呈下降趋势。尽管自 2011 年国家开始实行国储棉临时收储政策，但激励效应不强，棉区农民的植棉积极性一直不高。2017—2020 年我国棉花播种面积走势如图 4-1 所示。

图 4-1　2017—2020 年我国棉花播种面积走势

2017 年我国棉花种植面积降至低峰后，在各植棉地连续出台加大种棉补贴的激励政策情况下，2018 年全国棉花播种面积有所回升。从图 4-1、图 4-2 中可以看出，2018—2019 年连续 2 年全国棉花种植面积基本稳定在 330 万 hm^2 以上。2018 年全国棉花种植面积和产量较 2017 年增幅较大，种植面积增幅达 4.91%，产量增幅达 7.84%；2019 年全国棉花种植面积较 2018 年均略有下降，但棉花总产量下降较大，比 2018 年减少 21.3 万 t，下降了 3.5%。分析 2019 年全国棉花减产的主要原因：一是全国棉花种植面积稳中略降；二是全国棉花单产有所降低。

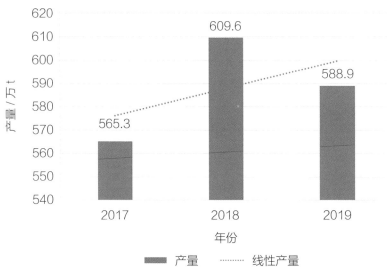

图 4-2　2017—2019 年我国棉花产量走势

从 2020 年 5 月 14 日中国棉花协会棉农分会对全国 12 个省和新疆维吾尔自治区共 2 769 个定点农户的植棉面积及棉花播种进度的调查显示，2020 年度全国植棉面积仅为 307.71 万 hm²，同比下降了 7.84%。分析其主要原因可能是与 2020 年新型冠状病毒肺炎疫情的发生和复工复产受到严重影响有关，前两年刚刚提振的植棉积极性再一次受到冲击，全国棉花种植面积短期内难以恢复到历史平均水平。从 2020 年的植棉面积来判断，2020 年的总产量也不容乐观。全国植棉总面积和总产量的回升趋势将被逆转，继续延续下降势头。

（2）主要植棉区棉花种植业趋势与现状

从棉花种植区域分布来看，全国棉花种植进一步向优势区域的新疆棉区集中。2019 年全国主要省份棉花播种面积和产量如表 4-1 所示。

表 4-1　2019 年全国主要省份棉花播种面积和产量

省份	种植面积 /10³hm²	单位面积产量 /（kg/hm²）	总产量 / 万 t
全国总计	3 338.6	1 764.2	589
新疆	2 540.5	1 969.1	500.2
河北	203.9	1 115.3	22.7
山东	169.3	1 158	19.6
湖北	162.8	882	14.4
湖南	63	1299	8.2
安徽	60.3	921	5.6
江西	42.6	1 546.7	6.6
河南	33.8	802.3	2.7
甘肃	19.3	1 689.5	3.3
天津	14.1	1 262	1.8
江苏	11.6	1 350	1.6
浙江	5.6	1 454.8	0.8
陕西	5.5	1 399.5	0.8
四川	2.9	975.1	0.3
山西	2.3	1 307.9	0.3
广西	1.1	1 032.4	0.1

从表 4-1 中可以看出，全国最大的西北内陆棉区的新疆棉花种植面积达 254.05 万 hm²，在全国占比达 76.1%，甘肃 1.93 万 hm²，西北内陆的新疆成为我国棉花主产区。其他棉区中，超过 10 万 hm² 的省份仅有河北、山东和湖北 3 省；超过 1 万 hm² 的有湖南、安徽、江西、河南、甘肃、天津、江苏 7 省（市）；浙江、陕西、四川、山西、广西 5 省（区）有零星种植。

2019 年全国棉花总播种面积较 2018 年减少，但最大产棉区的新疆 2019 年棉花种植面积则比 2018 年增加 49.2 千 hm²（图 4-3），呈增长趋势。国家对新疆地区实施棉花目标价格补贴政策，调动了棉农的种植积极性，同时加之采棉机的普及，全疆机采棉率大幅提升，使得新疆棉花种植面积稳定增加。从南疆与北疆对比来看，北疆机采棉率超过90%，远大于南疆的仅 20% 左右；从新疆生产建设兵团和地方对比，新疆生产建设兵团机采棉率已超过 80%，地方机采棉率四成以上。其他棉区因受种植效益和农业结构调整等因素的影响，棉花种植面积比 2018年减少 64.4 千 hm²，呈下降趋势。其中，长江流域棉区种植面积比 2018年减少 32.4 千 hm²，下降了 8.7%。黄河流域棉区种植面积比 2018 年减少 28.1 千 hm²，下降了 6.2%。

图 4-3　2017—2019 年我国最大产棉区新疆的棉花种植面积

据中国棉花协会棉农分会调查，2020 年新疆地区植棉面积 3 665.5万亩[①]，同比下降了 0.59%，占全国棉花种植总面积的 79.4%，新疆植棉面积在全国中的占比，较 2019 年的 76.1% 又有上升；内地植棉面积继续下降，黄河流域植棉面积 496.9 万亩，同比下降了 16.04%；长江流域植棉面积 416.7 万亩，同比下降了 15.65%。

---

① 1 亩 ≈ 666.67 m²。

从不同产区的棉花总产能来看，2019 年全国棉花产量 588.9 万 t。其中，西北内陆棉区的新疆棉花产量 500.2 万 t，占全国总产量的 84.9%，加上甘肃的 3.3 万 t，西北内陆棉区棉花总产能占全国总量的 85.5%；长江流域棉区的湖南、湖北、江苏、江西、浙江、安徽和四川 7 省产量共 37.5 万 t，不足全国总量的 6.4%；黄河流域棉区的河南、河北、山东、山西、陕西、天津等 6 省（市）产量共 47.9 万 t，仅占全国总量的 8.1%。全国棉花产能主要集中在西北内陆棉区的新疆地区。新疆维吾尔自治区和新疆生产建设兵团近 3 年来棉花总产情况见图 4-4，近两年新疆棉区棉花总产量基本稳定在 500 万 t 以上。

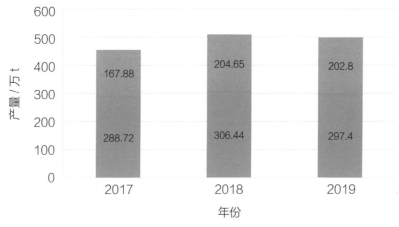

图 4-4　2017—2019 年我国最大产棉区新疆的棉花产量

从棉花单位面积的产能来看，2019 年新疆棉花单位面积产量 1 969.1 kg/hm²，比全国棉花单位面积平均产量的 1 763.7 kg/hm² 高出 205 kg；而长江流域棉区和黄河流域棉区的棉花单位面积平均产量分别为 1 065.2 kg/hm² 和 1 117.0 kg/hm²，均远低于新疆平均单位面积产量。

从以上分析中可以看出，无论是从全国棉花种植业发展趋势、主要植棉区棉花种植业发展趋势，还是不同区域棉花总产能和单位面积产能来说，新疆在我国棉花生产中具有越来越重要的战略地位和主导作用。

4.1.3 棉花主要病虫害发生与防控情况

（1）棉花主要病虫害发生情况

据调查统计，近年来棉蚜、棉盲蝽、棉铃虫、棉叶螨、地下害虫、苗立枯病、棉花枯萎病、棉花黄萎病等病虫害在各棉区普遍发生，棉蓟马、烟粉虱、红叶茎枯病等次要病虫害在局部发生。害虫以棉蚜、棉铃虫、棉叶螨、绿盲蝽为主，在我国各大棉区棉花上普遍发生，其次是棉蓟马和烟粉虱等次要虫害在局部棉区发生较重。

例如，我国最大的棉花主产区新疆维吾尔自治区 2019 年棉花主要害虫有棉铃虫、棉叶螨、棉蚜、烟粉虱、棉盲蝽、棉蓟马等。2019 年新疆维吾尔自治区棉花病虫害全年发生面积共 165.1 万公顷次（不含新疆生产建设兵团），其中虫害发生面积达 138.2 万公顷次，占棉花病虫害发生总面积的 83.71%，说明影响新疆棉花生产的主要因素是虫害。从全年时间跨度来看，上半年病虫害总体偏轻发生，其中棉蚜和棉蓟马局部中等发生；下半年棉叶螨、棉盲蝽、棉花伏蚜、烟粉虱中等发生，其他病虫害偏轻发生。2019 年新疆棉区不同害虫全年发生程度和面积情况见表 4-2。再如，山东棉花主产区的东营市预测，2020 年棉花病虫害总体呈中等程度发生。虫害方面，棉蚜、棉盲蝽、棉叶螨、棉蓟马、棉铃虫、地下害虫（蝼蛄、蛴螬、金针虫、地老虎）将普遍发生，烟粉虱局部发生。其重点防控的害虫包括棉盲蝽、棉蚜、棉叶螨、棉铃虫，局部地下害虫和棉蓟马需要防治。

表 4-2　2019 年新疆棉区棉花主要害虫发生情况统计

害虫种类	发生程度	发生面积 / 万 hm²	较 2018 年增减面积 / 万 hm²	备注
棉铃虫	轻	23.4	-5.1	吐鲁番托克逊县局部棉区发生四代
棉叶螨	中等	29.8	-1.2	—
棉蚜	中等	44.2	-2.55	伏蚜 7 月中下旬进入高峰，较 2018 年略晚
烟粉虱	轻	1.0	-1.7	吐鲁番市中等发生
棉盲蝽	偏轻	13.8	5.2	上升趋势明显
棉蓟马	偏轻	25.6	-10.2	阿克苏、喀什中等发生
其他	偏轻	0.4	—	地老虎为主
合计		138.2	-15.55	总体中等偏轻发生

（2）棉花主要病虫害防控情况

根据近几年农业农村部和各主要植棉区农业主管部门有关棉花重大病虫害防控技术方案可知，目前，我国棉花重大病虫害防控策略为：针对不同棉区、棉花各生育期的主要病虫种类，本着轻简化、无害化的原则，采取"预防为主，综合治理"的措施，大力推广抗（耐）病品种，发挥棉花自身补偿作用，充分利用生态调控手段，保护和利用棉田自然天敌的控害作用。药剂防治优先选用生物源、低毒、环境友好型药剂，并注意与药剂轮换。重视合理用药、精准用药，降低化学农药用量。通过秋冬压低病虫基数，苗期预防、生长期控害、铃期保铃保产等技术措施，增强棉田的可持续和安全控害减灾作用。主要技术措施包括清洁田园和秋耕技术、选用抗（耐）病虫品种、种子处理技术、生物源农药和天敌保护利用技术、昆虫信息素诱杀技术、生态调控和生物多样性利用技术和合理用药技术七项专业化统防统治主推技术。

从全国来看，2016—2018 年全国针对棉花病虫害的防治面积逐年减少。其中，针对病害的防治面积相对较少，棉花病虫害的防治以害虫为主（图 4-5）。其中，针对目标害虫棉铃虫的防治面积占主要病虫害防治面积的 16.75% ～ 20.13%。

图 4-5　2016—2018 年全国棉花主要病虫害防治面积

2016—2018 年主要植棉省（区）棉花主要病虫害、主要害虫和棉铃虫防治情况见图 4-6。从图 4-6 中可以看出，近 3 年针对棉花主要病虫害的防控面积，超过 300 万 hm^2 的只有河北省，新疆维吾尔自治区接近 200 万 hm^2，新疆生产建设兵团和山东省在 150 万 hm^2 左右，湖北省和湖南省在 50 万～100 万 hm^2。统计发现，针对主要害虫的防治中，棉铃虫、棉蚜、棉盲蝽、棉叶螨各占约 20%。除 4 种主要害虫外，针对其他害虫的防治面积约占 20%，其中，黄河流域棉区有地下害虫、棉蓟马和象鼻虫；长江流域棉区有斜纹夜蛾（*Spodoptera litura* Fabricius）、棉红铃虫［*Pectinophora gossypiella* (Saunders)］、棉蓟马和烟粉虱；西北内陆棉区有棉蓟马和烟粉虱等。

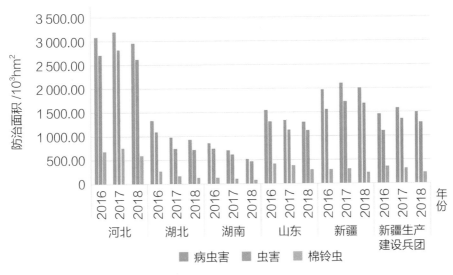

图 4-6 2016—2018 年主要植棉省（区）棉花主要病虫害防治面积

4.1.4 棉花种植行业硫丹替代工作开展情况

（1）全国棉花种植行业硫丹替代技术工作开展情况

针对棉花病虫害防治，20 世纪 50 年代初期我国就提出了"预防为主、综合防治"指导方针，综合利用物理、生物、农业等非化学防治措施。近年来，随着我国履行《关于持久性有机污染物的斯德哥尔摩公约》进程的不断推进以及我国将生态文明建设纳入国家"五位一体"总体布局，一系列有关淘汰持久性有机污染物的政策法规相继出台并逐步得以落实，农业绿色发展理念得以大力宣传，棉花种植行业也逐步走向绿色发展道路，越来越多的硫丹替代品及替代技术更符合高效、安全、经济和环境友好的农药产品要求。在全国最大的棉花主产区新疆，各地纷纷开展棉花病虫害全程绿色防控技术的示范与推广，大力推进高毒农药替代和禁限用农药的宣传与推广工作。如新疆生产建设兵团农八师石河子市最早开展的棉花病虫害区绿色防控技术示范，针对主要目标害虫——棉铃虫，采取播前铲埂除蛹＋棉花生育期灯光诱杀成虫、性诱集成虫、食诱剂诱杀成虫、杨树枝把诱集成虫＋苘麻诱集带诱集成虫产卵＋NPV、甲氨基阿维菌素苯甲酸盐、茚虫威等喷药防治诱虫的技术模式；新疆维吾尔自治区新和县建立棉花病虫害全程绿色防控示范区，示范区采取秋翻冬灌、铲埂除蛹＋对越冬虫源场所统一防治＋种子药剂处理＋种植苜蓿生态带培育天敌＋种植玉米带诱杀棉铃虫成虫＋悬挂杀虫灯诱杀棉铃虫成虫＋药剂防治的技术模式；新疆库尔勒经过多年实践，探索总结出抗病虫品种、频振式太阳能杀虫灯、糖盆诱蛾、黄蓝板诱虫、生物多样性控虫等绿色防控集成技术，形成了切合库尔勒实际的棉花病虫全程绿色防控技术模式。其他棉区的省（区、市），也都因地制宜开展了棉花病虫害全程绿色防控技术示范与推广工作。这些绿色防控技术就是硫丹及其制剂产品防控棉花病虫害的主要替代技术。

（2）棉花种植行业硫丹替代产品

根据《斯德哥尔摩公约》持久性有机污染物审查委员会的统计，国际上的硫丹化学替代品种类众多，初步评估有 28 类 111 种，其中非 POPs 类替代品有 101 种。通过检索发现，目前，我国农药登记系统中登记的保留防治棉铃虫用途的替代品可归为 38 种（表 4-3）。在这 38 种替代产品中，甲氨基阿维菌素苯甲酸盐、阿维菌素、苏云金杆菌、藜芦碱、茚虫威、甘蓝夜蛾核型多角体病毒、多杀霉素、棉铃虫核型多角体病毒、短稳杆菌 9 种生物源和抗生素类药剂相对安全，其他 27 种为化学杀虫剂。化学杀虫剂中，以有机磷酸酯类和拟除虫菊酯类为主，各有 10 种，另有苯甲酰脲类 3 种，邻甲酰胺苯甲酰胺类 2 种，氨基甲酸酯类 2 种和氨基甲酰肟类 1 种。

表 4-3　登记用于防治棉铃虫的农药种类一览（截至 2020 年 7 月）

序号	农药名称	剂型类别	含量
1	甲氨基阿维菌素苯甲酸盐	微乳剂、乳油	5%、1%、3%、0.5%
2	阿维菌素	微乳剂、乳油	1.8%、5%
3	高效氯氰菊酯	乳油、水乳剂	4.5%、3%、10%
4	丙溴磷	乳油	40%
5	高效氯氟氰菊酯	乳油、水乳剂、悬浮剂	50 g/L、2.5%、12.5%、25 g/L
6	硫双威	可湿性粉剂、悬浮剂、水分散粒剂	75%、375 g/L、80%
7	苏云金杆菌	可湿性粉剂、悬浮剂	16 000IU/mL、8 000IU/mL
8	溴氰菊酯	乳油	25 g/L
9	藜芦碱	可溶性液剂	0.5%
10	氟铃脲	乳油、悬浮剂	5%、20%、水分散粒剂
11	氯虫苯甲酰胺	悬浮剂	5%、200 g/L
12	茚虫威	悬浮剂、乳油	150 g/L、20%、15%
13	乙酰甲胺磷	可溶粒剂、可溶性粉剂、水分散粒剂	92%、75%、97%
14	溴氰虫酰胺	悬乳剂	10%
15	甘蓝夜蛾核型多角体病毒	悬浮剂	20 亿 PIB/mL
16	毒死蜱	乳油、微囊悬浮剂	480 g/L、30%、40%
17	多杀霉素	悬浮剂	480 g/L、10%
18	棉铃虫核型多角体病毒	悬浮剂、可湿性粉剂、水分散粒剂	20 亿 PIB/mL、10 亿 PIB/g、600 亿 PIB/g
19	短稳杆菌	悬浮剂	100 亿孢子 /mL
20	水胺硫磷	乳油	35%
21	氟啶脲	乳油	50 g/L
22	联苯菊酯	乳油	25 g/L、100 g/L
23	辛硫磷	乳油	40%
24	甲氰菊酯	乳油	20%
25	甲基毒死蜱	乳油	40%
26	顺式氯氰菊酯	乳油	50 g/L、100 g/L
27	喹硫磷	乳油	25%

序号	农药名称	剂型类别	含量
28	乐果	乳油	40%
29	氰戊菊酯	乳油	20%
30	S-氰戊菊酯	乳油	50 g/L、5%
31	灭多威	可湿性粉剂、乳油	10%、20%
32	甲萘威	可湿性粉剂	85%
33	伏杀硫磷	乳油	35%
34	虱螨脲	乳油	50 g/L
35	三唑磷	乳油	30%、20%
36	高效反式氯氰菊酯	乳油	20%、5%
37	氯菊酯	乳油	10%
38	zeta-氯氰菊酯	乳油	181 g/L

（3）棉花种植行业害虫防治实际用药及硫丹使用情况调查

为全面准确地了解我国棉花种植行业硫丹及其替代品使用情况，项目组针对三大棉花主产区，多渠道收集有关目标害虫棉铃虫防治硫丹替代技术与用药情况；同时，项目组围绕山东棉花主产区，通过深入植棉区与当地植保机构、农资经销商和棉花种植专业合作社、植棉大户等的访谈，了解当地棉花病虫害防治实际用药情况。近年来，不同区域棉花种植行业主要病虫害防治技术与实际用药情况见表4-4。

表4-4　不同区域棉花种植行业主要病虫害防治技术与实际用药情况

棉花产区	病虫害防治技术	主要措施	所用药剂种类
西北内陆棉区	常规棉区综合防治和生态调控技术	秋季翻土、冬季灌溉；高压灯诱杀；生物防治、杨树枝把诱杀；人工抹杀、棉田喷洒2%过磷酸钙浸出液驱虫，玉米诱集带＋药剂防治等；合理使用化学农药	氯虫苯甲酰胺、啶虫脒、乙螨唑
	新疆项目示范区硫丹替代技术	生物农药替代化学农药技术；理化诱捕主要是以棉铃虫食诱剂替代性信息素、以杨树枝把替代太阳能杀虫灯诱杀；农艺措施以种植玉米诱集带诱杀为主	棉铃虫核型多角体病毒、苏云金芽孢杆菌、印楝素、短稳杆菌、甲维盐

棉花产区	病虫害防治技术	主要措施	所用药剂种类
黄淮流域棉区	绿色防控与专业化统防统治技术	清洁田园，秋耕冬灌；选用抗虫棉；利用生物源农药和天敌保护利用技术；利用棉铃虫性诱剂和食诱剂等昆虫信息素技术；棉田套种玉米条带、推行棉花和冬小麦插花种植，进行生态调控和生物多样性保护；合理用药技术	棉铃虫 NPV、甘蓝夜蛾 NPV、BT、藜芦碱、茚虫威、多杀霉素、灭幼脲、抑食肼、除虫脲、氟铃脲、甲维盐、溴氰虫酰胺、吡虫啉、啶虫脒、高效氯氰菊酯、高效氯氟氰菊酯、甲维氟铃脲、高氯甲维盐、噻虫嗪
长江流域棉区	全程绿色防控技术	麦棉套种改麦棉连作，改棉花中熟品种为短季棉品质，扩大种植转基因抗虫棉，棉种药物包衣，杨树枝把和灯光诱杀，综合利用物理、化学和生物防治技术	啶虫脒、吡蚜酮、阿维菌素、哒螨灵、炔螨特、螺螨酯

项目组针对棉花生产、棉花病虫害发生情况和农药的使用及安全性三方面开展了问卷调查。针对硫丹产品的使用，为防止受访人因敏感话题而回避答卷的尴尬，问卷设计时仅将"1605、硫丹等"作为问题"您知道有些农药不能用在棉花上吗？"的一个选项。通过广泛发动和大家的共同努力，收到有效答卷 176 份。

从答题统计情况分析得知，参与答题人员 80% 以上为 50 岁以下，男性占 58%，文化程度 70% 在大专及本科水平；多为 5 亩以下的零星种植，每亩单产 200 ～ 300 kg、年投入成本 300 ～ 900 元、纯收入 200 ～ 1 000 元不等。当前影响棉花产量的重要原因是以栽培管理和病虫害为主，其次是气候和其他因素；棉花上发生严重的虫害有棉铃虫、棉蚜、棉盲蝽、棉蓟马等，其中难以防治、用药较多的是棉盲蝽和棉蓟马，其次是棉铃虫，再次为棉蚜和棉叶螨。针对害虫的防治，95% 以上的用户均采取喷洒农药，60% ～ 80% 的受访户同时采用抗性品种和生物防治等手段，且 90% 以上的农户是从农药零售店购买，购买使用农药时大多注意农药毒性，一般不会选择毒性高的农药，多数是在咨询农技人员的情况下或见到病虫害的情况下，或凭经验进行打药，盲目购药或打药的情况较少；80% 左右的受访人认为现有农药能防治棉花虫害，但效果一般，如果效果不好则会更换其他农药。目前近 80% 的棉农都知道有些农药不能用在棉花上，超半数的棉农知道 1605 和硫丹等禁用，且一旦发生药害知道找农业专家咨询或要求鉴定与赔偿。

从调查结果来看，在以棉铃虫为主要目标害虫的棉花病虫害防治方面，国内常用药剂种类除生物源和抗生素类外，化学农药主要包括菊酯类、辛硫磷、丙溴磷、啶虫脒、氟苯脲、氯虫苯甲酰胺、茚虫威、氨基甲酸酯类、吡虫啉、噻虫嗪、氟虫胺等杀虫剂。对于部分登记可用于棉铃虫防治的高毒农药，如乙酰甲胺磷、水胺硫磷、灭多威、甲萘威和硫双威等，在生产和市场上均未发现使用，表明近年来棉农的安全意识和环境保护意识逐渐提高，农民误服和接触中毒的现象亦很少发生。当前棉花种植行业已不再使用硫丹及硫丹制剂，前些年棉区棉农利用硫丹药杀鱼虾的现象近年未再发生，未再出现因误服硫丹中毒的社会问题。

（4）小结

目前，尽管中国棉花种植以推广转基因抗虫棉占 98% 以上，但棉铃虫仍是目前棉花防治上的主要害虫，分析原因，这与该虫具有潜飞性、发生区域普遍、虫源分布广泛、食性杂与寄主植物多样等因素有关，并且其可在棉花、玉米、大豆、小麦甚至果树等多种植物间转移危害。目前，针对棉铃虫的防治，各地均大力推行清洁田园和秋耕深翻、棉铃虫性诱剂和杨树枝把诱杀、生态调控中的生物带诱集以及保护利用天敌控害等绿色防控技术和专业化统防统治工作，杀虫剂优先选用棉铃虫核型多角体病毒、印楝素、多杀霉素、甲氨基阿维菌素苯甲酸盐等生物源农药，以及灭幼脲和抑食肼等昆虫生长调节剂农药，化学农药以溴氰虫酰胺、高效氯氰菊酯、高效氯氟氰菊酯、甲维氟铃脲、噻虫胺、啶虫脒等轮换使用；与市场上众多替代产品相比，硫丹在棉铃虫防治效果方面并无特定优势，防控成本除生物源农药较高外，其他化学替代品普遍低于硫丹。总体来说，棉花种植行业进行硫丹淘汰不存在替代技术障碍且经济可行，调研中未再发现使用硫丹产品现象，棉花种植行业硫丹替代工作开展顺利。

4.2　我国烟草种植行业与硫丹替代情况

我国烟草分布很广，从东经 75°到 134°，北纬 18°到 50°均有种植，全国有 23 个省（区、市）907 个县种植烟草。烟草种植区划分为生态类型区划和区域区划。按照生态类型区划一般原则，以烤烟生态适宜性划分为烤烟种植最适宜区、适宜区、次适宜区和不适宜区；区域区划采用二级分区制，将我国烟草种植划分为 5 个一级烟草种植区和 26 个二级烟草种植区，各区包含地域及适宜性如表 4-5 所示①。

表 4-5　我国烟草种植区划

一级区	二级区	地、州、市	适宜性
西南烟草种植区	滇中高原烤烟区	昆明市、玉溪市、楚雄州	植烟区均为最适宜区和适宜区
	滇东高原黔西南中山丘陵烤烟区	曲靖市、昆明市、黔西南州、六盘水市	植烟区均为最适宜区和适宜区
	滇西高原山地烤烟、白肋烟、香料烟区	大理州、保山市、丽江市	植烟区均为最适宜区和适宜区
	滇南桂西山地丘陵烤烟区	红河州、普洱市、临沧市、文山州、百色市、河池市	除河池市部分县和普洱市的西盟佤族自治县为次适宜区外，其他为最适宜区和适宜区
	滇东北黔西北川南高原山地烤烟区	昭通市、毕节地区、六盘水市、泸州市、宜宾市	绥江县和盐津县为次适宜区，其他植烟区均为最适宜区和适宜区
	川西南山地烤烟区	凉山州、攀枝花市	最适宜区和适宜区
	黔中高原山地烤烟区	贵阳市、遵义市、毕节地区、安顺市、黔南州、铜仁地区	最适宜区和适宜区
	黔东南低山丘陵烤烟区	黔东南州、铜仁地区	最适宜区和适宜区
东南烟草种植区	湘南粤北桂东北丘陵山地烤烟区	郴州市区、永州市、长沙市、衡阳市、娄底市、株洲市、益阳市、韶关市、贺州市	衡阳县、衡山县、衡东县，新丰县、昭平县、钟山县为次适宜区，其他为最适宜区和适宜区

---

* 第 4 章 4.2 由韩庆莉、张扬和杨森编写。

① 王彦亭，谢剑平和李志宏 . 中国烟草种植区划 . 北京：科学出版社，2010。

一级区	二级区	地、州、市	适宜性
东南烟草种植区	闽西赣南粤东丘陵烤烟区	三明市、龙岩市、南平市、赣州市、梅州市、丽水市	最适宜区、适宜区和次适宜区
	皖南赣北丘陵烤烟区	芜湖市、黄山市、宣城市、上饶市、抚州市、吉安市	植烟区均为最适宜区和适宜区
长江中上游烟草种植区	川北盆缘低山丘陵晾晒烟烤烟区	德阳市、绵阳市、广元市、巴中市	除北川羌族自治县、平武县为次适宜区外，其他植烟区为适宜区
	渝、鄂西、川东山地烤烟、白肋烟区	重庆市、达州市、十堰市、宜昌市、襄樊市、恩施州	最适宜区和适宜区
	湘西山地烤烟区	常德市、张家界市、怀化市、湘西州、邵阳市	最适宜区和适宜区
	陕南山地丘陵烤烟区	安康市、汉中市、商洛市	适宜区和次适宜区
黄淮烟草种植区	鲁中南低山丘陵烤烟区	临沂市、潍坊市、日照市、淄博市、青岛市、莱芜市	高青县、桓台县为次适宜区，其他植烟区为最适宜区和适宜区
	豫中平原烤烟区	郑州市、平顶山市、许昌市、漯河市	巩义市、荥阳市为次适宜区，其他植烟区为最适宜区和适宜区
	豫西丘陵山地烤烟区	洛阳市、三门峡市、济源市、郑州市	栾川县、偃师市为次适宜区，其他为适宜区
	豫南鄂北盆地岗地烤烟区	驻马店市、信阳市、南阳市、襄樊市	植烟区均为最适宜区和适宜区
	豫东皖北平原丘岗台地烤烟区	商丘市、周口市、蚌埠市、宿州市、淮北市、阜阳市、滁州市、亳州市	阜阳市的太和县、亳州市的利辛县、涡阳县为次适宜区，其他为最适宜区和适宜区
	渭北台塬烤烟区	铜川市、宝鸡市、咸阳市、渭南市	次适宜区
北方烟草种植区	黑吉平原丘陵山地烤烟区	大庆市、哈尔滨市、鸡西市、牡丹江市、七台河市、双鸭山市、绥化市、白城市、长春市、吉林市、延边朝鲜族自治州、通化市	次适宜区和不适宜区
	辽蒙低山丘陵烤烟区	朝阳市、丹东市、鞍山市、抚顺市、阜新市、铁岭市、本溪市、赤峰市	次适宜区，赤峰市为不适宜区
	陕北陇东陇南沟壑丘陵烤烟区	延安市、庆阳市、陇南市	种植区为次适宜区
	晋冀低山丘陵烤烟区	长治市、运城市、临汾市、张家口市、保定市、石家庄市	种植区为次适宜区

一级区	二级区	地、州、市	适宜性
北方烟草种植区	北疆烤烟香料烟区	昌吉州、伊犁州	种植区为次适宜区

区域划分上，最新版《中国烟草种植区划》将云南、贵州、四川、重庆划分为西南烟区；将福建、广东、广西划分为东南烟区；将湖南、湖北、江西划分为长江中上游烟区；将河北、山东、山西、河南、陕西、安徽划分为黄淮烟区；将内蒙古、辽宁、吉林、黑龙江、甘肃划分为北方烟区。

4.2.1　我国烟草种质资源及栽培品种

（1）烟草种质资源

烟草为茄科（Solanaceae）烟草属（*Nicotiana*）植物的统称。根据植物学可以将栽培烟草分为普通烟草（红花烟草）、黄花烟草两个种类；按照烟草制品可以把烟草分为卷烟、雪茄烟、斗烟、水烟、鼻烟和嚼烟六个种类；一般习惯上根据烟叶的品质特点、生物学性状和栽培调制方法，把栽培的烟草分为烤烟、晒晾烟、香料烟、白肋烟、黄花烟和雪茄烟六个种类；而按照调制方法又可以分为烤烟、晒烟、晾烟三大种类。

烤烟：我国是世界主要的烤烟生产国，其烤烟产量约占烟叶总产量的 80% 以上，生产主要集中在云南、贵州、四川、河南、湖南、福建等省。我国已经积累了较为丰富的烤烟种质资源，并从中选育出特征突出、性状优异的烤烟品种。

晒晾烟：我国晒晾烟资源之丰富，为其他国家所不及。国家烟草种质库的统计数据显示，晒晾烟资源达到 1 978 份，占全部资源的 57%，是最丰富的一类烟草资源。我国大部分省份都有晒晾烟的分布，比较集中的省份有湖北、贵州、四川、黑龙江、山东、广东、云南、陕西和湖南等省[1]

①任民, 王志德, 牟建民, 等. 我国烟草种质资源的种类与分布. 中国烟草科学, 2009。

香料烟：香料烟的香气浓郁，吃味芬芳，是混合型卷烟的调香配料。我国香料烟主要集中在浙江新昌、云南保山、湖北郧西和新疆伊犁等地，目前我国的香料烟种质几乎全部是从国外引入的。

白肋烟：产于美国，是马里兰型阔叶烟的突变种。世界上生产白肋烟的国家主要是美国，其次是马拉维、巴西、意大利和西班牙等国。我国于1956—1966年先后在山东、河南、安徽等省试种。

黄花烟：黄花烟与红花烟（普通烟草）在植物分类上属不同的种，所以有较大的差异。我国目前保存的地方和选育黄花烟种质资源326份。其中著名的有兰州黄花烟、东北蛤蟆烟、新疆伊犁莫合烟。

雪茄烟：我国目前保存的雪茄烟种质资源不多，且多为引进种质，地方品种极少。世界上生产雪茄烟的国家主要有古巴、菲律宾、印度尼西亚、美国等，我国雪茄包叶烟主要产于四川和浙江。

由于我国烟区辽阔，自然条件迥异，烟草本身可塑性强，易受环境影响而变异，经过人们长期栽培和选择，形成了各具地方特色的众多品种；加之不断地从国外引进烟草类型和品种，形成了类型齐全、数量丰富的烟草资源。中国主要有烤烟、白肋烟、晒晾烟和香料烟。其中烤烟量最大，占烟叶总产量的80%以上；烤烟主产区为云南、贵州、河南、湖南、四川、湖北、重庆等。晒晾烟比较分散，广西种植面积最大，其次是浙江、湖南、湖北；白肋烟湖北面积最大，其次是重庆、云南、四川、湖南；香料烟云南栽培面积最大，其次是浙江、新疆、湖北。国家烟草种质库中保存的我国六大类栽培烟草资源数量分别为：晾晒烟1 978个，烤烟1 104个，黄花烟326个，白肋烟61个，香料烟19个，雪茄烟3个。表4-6为我国各省（区）六大类烟草资源数量。

表 4-6　国家烟草种质库中保存的我国各省（区）六大类烟草资源数量

省份	烤烟	白肋烟	黄花烟	晾晒烟	雪茄烟	香料烟	合计
安徽	96	1	1	39	0	0	137
福建	65	0	0	16	0	0	81
甘肃	0	0	14	2	0	0	16
广东	23	0	0	146	0	0	169
广西	7	0	0	25	0	0	32
贵州	100	2	0	255	1	0	364
海南	0	0	6	13	0	0	13
河北	0	0	0	5	0	0	5
河南	318	0	0	25	0	0	349
黑龙江	21	3	6	185	0	0	221
湖北	4	34	12	286	0	2	350
湖南	0	0	24	118	0	2	120
吉林	24	0	0	79	0	0	104
江苏	0	0	1	3	0	0	3
江西	2	0	0	23	0	0	25
辽宁	35	0	0	44	0	0	118
内蒙古	0	0	39				2
青海	0	0	2	1	0	0	1
山东	283	21	0	161	0	12	492
山西	57	0	15	72	0	0	208
陕西	5	0	79	130	0	0	173
四川	2	0	38	201	0	1	281
台湾	5	0	77	0	0	0	5
西藏	0	0	0	1	0	0	1
新疆	0	0	11	0	0	0	11
云南	57	0	1	139	0	1	198
浙江	0	0	0	9	2	1	12

由表 4-6 可知,我国烟草资源的区域分布情况十分不均衡,从国家烟草种质资源库的编目数据来看,山东、贵州、湖北、河南、四川、黑龙江、山西、云南是资源较为丰富的省份。上述 8 个省份的资源占全国资原总量的 71%。陕西、辽宁、吉林、湖南、广东、安徽 6 个省份的烟草资源数量处于中等水平,占全国总量的 23%。其他省份的烟草资源数量较少,仅占全国总量的 6%。从我国各省份烤烟资源的保存情况可以明显看到河南和山东是两个烤烟资源大省,其资源的数量与传统烟区的地位是相符的。陕西、四川、台湾、湖北、江西等省的烤烟资源数量稀少,不到全国的 1%。另外还有一些省份尚未收集到烤烟资源。从资源最为丰富的晒晾烟收集情况来看,湖北、贵州、四川、黑龙江、山东等省的晒晾烟资源较多,广东、云南、陕西、湖南等省的晒晾烟数量处于中等水平,其他省份的资源较少。

表 4-7 为最新统计的 2018 年烤烟、白肋烟、香料烟、晒晾烟各省的种植面积和收购情况。

表 4-7 2018 年各省不同种质烟草种植面积及收购量

省份	烤烟		白肋烟		香料烟		晾晒烟	
	种植面积/万亩	收购量/万担	种植面积/万亩	收购量/万担	种植面积/万亩	收购量/万担	种植面积/万亩	收购量/万担
河北	2.42	7.70						
山西	1.62	5.20						
内蒙古	0.95	4.75						
辽宁	7.70	25.50						
吉林	5.99	19.30						
黑龙江	17.30	55.50						
安徽	11.52	31.65						
福建	61.65	160.30						
江西	23.50	67.95						
山东	24.45	69.40						

省份	烤烟		白肋烟		香料烟		晾晒烟	
	种植面积 / 万亩	收购量 / 万担	种植面积 / 万亩	收购量 / 万担	种植面积 / 万亩	收购量 / 万担	种植面积 / 万亩	收购量 / 万担
河南	68.00	190.30						
湖北	43.47	91.50	3.68	11.65	0.17	0.50	0.17	0.25
湖南	105.60	274.60					0.14	0.50
广东	15.89	45.20						
广西	13.26	29.80						
重庆	40.58	93.30	1.32	4.30				
四川	108.59	282.80					0.66	2.30
贵州	175.40	403.40						
云南	590.90	1595.5			9.55	28.40	3.09	9.10
陕西	26.20	68.10						
甘肃	2.70	7.40						
宁夏	0.48	1.50						
合计	1 348.07	3 530.65	5.00	15.95	9.72	28.90	4.06	12.15

（2）烤烟栽培品种

2010 年以来，我国烤烟草主要栽培品种有云烟 87、K326、云烟 97、红大、云烟 85，这 5 个品种合计种植面积占全国总面积的 75% 以上。

云南烟草种植面积最大，约为 550 万亩，各主流品种均有大面积种植。贵州位居第二，种植面积约为 150 万亩，主要品种是云烟 87（100 万亩）。四川位居第三，约为 105 万亩，主要品种云烟 87（55 万亩）、云烟 85（21 万亩）和红大（15 万亩）。湖南位居第四，种植面积约 100 万亩，主要种植云烟 87（93 万亩）。福建位居第五，约为 68 万亩，主要品种是云烟 87（30 万亩）、翠碧 1 号（28.55 万亩）。四川是云南之外，红大的最主要产区；福建是 CB1 的唯一产区；河南是中烟 100 最主要产区。东三省合计约 3 万亩，河北、山西、内蒙古可以忽略不计。山东合计不到 5 万亩，和河南一样偏爱中烟 100。

2018 年我国烟叶栽培品种见表 4-8。

表 4-8　2018 年我国烟叶栽培品种面积（按种植面积排序前 10 位的品种）

单位：万亩

省份	云烟87	K326	云烟85	云烟97	红大	云烟100	中烟100	云烟99	翠碧1号	龙江911
河北										2.42
山西										
内蒙古										0.78
辽宁	2.45			1.12		0.02				
吉林	0.17									
黑龙江										13.69
安徽	0.78			10.74						
福建	29.95	7.25			0.57				23.80	
江西	20.95	2.55								
山东	3.19	1.50	0.08	0.30			2.27			
河南	25.49						23.75	1.78		
湖北	36.80	6.47								
湖南	85.31	14.95						0.01		
广东	5.45	2.10								
广西	11.37	0.10	1.53	0.26						
重庆	32.26	6.05	2.27							
四川	51.77		31.48		12.10	3.02		2.10		
贵州	115.28	14.41	17.38	9.25			1.84	1.83		
云南	252.04	130.78	49.10	40.91	54.67	22.53		8.78		
陕西	5.15			4.91	0.01			10.73		
甘肃		0.002		0.002				0.12		
宁夏										
全国	678.4	186.2	101.8	67.5	67.3	27.4	26.0	25.4	23.8	16.9

云烟 87 是云南省农业科学研究院选育的品种，2000 年通过全国审

定，已经推广种植 19 年，主要在云南、贵州、湖南、四川、湖北、福建省种植，是我国的头号主栽烤烟品种。该品种自审定推广以来，种植面积一直呈上升趋势，2016 年为 727.67 万亩，占全国烤烟种植面积的 44.93%；2017 年为 734.42 万亩，占全国烤烟面积的 49.56%；2018 年为 678.4 万亩，占全国烤烟面积的 51.25%。

4.2.2　我国烟草种植面积

烟草是我国的主要经济作物，我国烟草生产在面积和产量方面均居世界首位。

（1）2015—2018 年我国烟草种植面积

随着烟草栽培技术的不断发展，精准农业生产技术的不断完善，烟草生产规范，稳定和提高了我国的烟叶质量，促进我国现代烟草农业的发展。我国烟草种植分布广泛，根据国家烟草种植规划，种植面积近年逐步下降。表 4-9 为 2015—2018 年我国烟草种植面积。

表 4-9　2015—2018 年我国烟草种植面积

单位：千 hm²

省份	2015 年	2016 年	2017 年	2018 年
全国	1 463.1	1314	1 273.3	1 130.6
河北	3.0	2.9	2.8	1.4
山西	3.3	2.8	2.8	1.5
内蒙古	3.1	3.3	3.0	1.7
辽宁	11.6	9.8	9.7	8.0
吉林	20.6	15.6	14.6	6.2
黑龙江	33.2	25.0	20.2	15.0
浙江	0.7	0.7	0.6	0.6
安徽	17.4	16.2	12.8	8.2
福建	72.0	68.0	68.3	52.7
江西	27.9	27.6	31.3	25.7

省份	2015 年	2016 年	2017 年	2018 年
山东	27.9	24.4	24.7	21.4
河南	123.8	114.3	109.2	104.0
湖北	46.1	47.6	49.0	39.7
湖南	108.2	104.1	104.9	94.8
广东	22.7	22.5	22.4	17.4
广西	21.0	16.0	15.4	11.8
海南	0.2	0.1	0.1	0.1
重庆	46.0	45.8	43.5	35.0
四川	103.3	97.2	96.9	86.3
贵州	228.5	194.2	168.2	155.7
云南	506.1	440.4	438.3	424.6
陕西	33.0	31.1	30.7	17.1
甘肃	3.2	3.9	3.4	1.5
宁夏	0.4	0.5	0.4	0.2

数据来源：《中国农业年鉴 2015—2018》。

我国烟区种植区域以西南地区为主，其中，云南烟草产业发展迅速，已成为我国最大的烟草产区，2018 年烟草种植面积为 412.32 千 hm^2，占全国种植面积的 39%（图 4-7）。

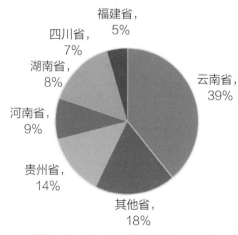

图 4-7　2018 年我国烟草种植布局

（2）各省种植产量及平均产量

2015—2018 年我国各省烟草总产量和平均产量见表 4-10。

表 4-10 2015—2018 年我国各省烟草总产量和平均产量

省份	2015 年		2016 年		2017 年		2018 年	
	总产量 /t	平均产量 / (kg/hm²)	总产量 /t	平均产量 / (kg/hm²)	总产量 /t	平均产量 / (kg/hm²)	总产量 /t	平均产量 / (kg/hm²)
河北	8 871	2 997	6 400	2183	6 062	2 168	2 231	1 656
山西	10 621	3 246	9 369	3331	8 957	3 178	5 217	3 486
内蒙古	10 503	3 380	11 528	3467	10 167	3 340	6 154	3 739
辽宁	33 513	2 902	26 156	2668	27 223	2 801	26 255	3 280
吉林	54 001	2 621	44 511	2851	39 736	2 729	17 888	2 869
黑龙江	84 437	2 547	68 533	2737	53 023	2 623	46 543	3 108
浙江	34	2 369	1 533	2295	1 426	2 267	1 400	2 283
安徽	1 720	2 490	42 277	2613	28 898	2 259	20 924	2 527
福建	43 259	2 154	144 874	2 130	144 786	2 120	116 437	2 208
江西	155 111	2 115	54 590	1 980	64 089	2 050	55 731	2 170
山东	58 889	2 540	62 773	2 577	66 067	2 675	56 953	2 663
河南	70 938	2 422	288 489	2 525	282 625	2 588	266 960	2 568
湖北	88 091	1 910	86 832	1 823	89 858	1 833	68 413	1 724
湖南	233 399	2 158	226 856	2 179	231 326	2 205	208 201	2 195
广东	55 773	2 453	55 704	2 473	55 204	2 466	42 616	2 448
广西	34 255	1 634	27 686	1 736	27 330	1 772	25 099	2 127
海南	335	1 498	118	933	110	816	114	815
重庆	84 391	1 836	86 759	1 893	83 921	1 931	69 053	1 978
四川	224 526	2 173	222 212	2 287	217 765	2 248	180 489	2 090
贵州	373 943	1 636	350 036	1 802	297 833	1 771	267 959	1 721
云南	983 469	1 943	927 639	2 106	907 413	2 070	862 335	2 031
陕西	72 505	2 198	73 065	2 351	69 152	2 251	38 700	2 265
甘肃	9 896	3 080	12 200	3 144	10 995	3 196	4 829	3 225

省份	2015 年		2016 年		2017 年		2018 年	
	总产量 /t	平均产量 /（kg/hm²）	总产量 /t	平均产量 /（kg/hm²）	总产量 /t	平均产量 /（kg/hm²）	总产量 /t	平均产量 /（kg/hm²）
宁夏	1 965	4 913	2 210	4 879	1 719	4 697	920	4 459
全国	2 994 471	2 047	2 832 385	2156	2 725 685	2 141	2 391 422	2 115

烟草总产量前 5 名的分别为云南、贵州、湖南、四川、江西。平均产量位列前 5 名的分别是宁夏、内蒙古、山西、甘肃、河北。宁夏虽种植面积小，但平均产量却高为第一，云南的平均产量中等偏下。

4.2.3　2017—2019 年我国烟草虫害发生危害情况

烟草在种植生产过程中会受到各种害虫的危害，据统计，我国每年因烟草病虫害而造成的损失占总烟叶产量的 10% ～ 15%。研究调查发现，世界上已经探明的食烟昆虫约 790 种，在我国已经明确有记载的烟草昆虫有 270 种，经常发生危害的有地老虎、金针虫、蝼蛄、蛴螬、烟蚜、斑须蝽、稻绿蝽、烟粉虱、烟青虫、棉铃虫、潜叶蛾、蛀茎蛾、斑潜蝇、斜纹夜蛾、蝗虫、二十八星瓢虫、红缘灯蛾、斑潜蝇、象甲、蛞蝓、蜗牛。危害较大的害虫优势种主要有烟蚜、烟青虫、小地老虎、斜纹夜蛾，不同植烟区虫害类型有所差异。

项目通过不同调查方法，首先获得了全国烟草虫害发生整体概况，然后调查我国烤烟大省云南省烟草虫害发情况，再缩小范围重点实地调查云南省马龙县、宣威市和保山市烟草虫害发生危害情况。

（1）2017—2019 年我国各烟区主要虫害发生情况

通过文献和相关报道，获得我国 2017—2019 年中国烟草总公司印发的"中国烟叶生产实用技术指南"，整理了其中关于烟草虫害生状况，近 3 年烟青虫的发生危害中度偏轻，蚜虫中度偏重，地下害虫中度偏轻，斜纹夜蛾发生中度偏轻发生，各烟区具体情况见表 4-11。

表 4-11　2017—2019 年我国各烟区的主要虫害发生

	2017 年	2018 年	2019 年	2020 年
总体情况	中度偏重	中度偏轻	中度偏轻	中等偏重
西南烟区	蚜虫中度，烟青虫/棉铃虫中度偏轻，地下害虫中度偏重	蚜虫中度，烟青虫/棉铃虫中度偏轻，地下害虫偏轻	蚜虫中度，烟青虫/棉铃虫中度偏轻，地下害虫偏轻	蚜虫、烟青虫、斜纹夜蛾中度，地老虎中度偏轻，蛴螬轻度
东南烟区	蚜虫中度，烟青虫/棉铃虫中度偏轻，地下害虫偏轻	蚜虫中度，烟青虫/棉铃虫中度偏轻，地下害虫偏轻	蚜虫中度，烟青虫/棉铃虫中度偏轻，地下害虫偏轻	斜纹夜蛾、蚜虫中度，烟青虫、地老虎偏轻
长江中上游烟区烟草种植区	棉蚜、斜纹夜蛾中度偏轻，蛴螬等软体动物偏重，烟青虫/棉铃虫、地下害虫偏轻	蚜虫中度，烟青虫/棉铃虫中度偏轻，地下害虫偏轻	棉蚜、斜纹夜蛾中度偏轻，蛴螬等软体动物偏重，烟青虫/棉铃虫、地下害虫偏轻，烟粉虱局部中度	斜纹夜蛾中度，蚜虫、烟青虫、地老虎偏轻
黄淮烟草种植区	蚜虫、地下害虫偏重，烟青虫/棉铃虫中度偏轻	斜纹夜蛾中度，蚜虫、烟青虫、地老虎偏轻	蚜虫、地下害虫偏重，烟青虫/棉铃虫中度偏重，烟粉虱局部烟区偏重	蚜虫中度偏重，烟青虫中度；地下害虫中度
北方烟草种植区	烟蚜中度偏轻；烟青虫、地下害虫轻度	斜纹夜蛾中度，蚜虫、烟青虫、地老虎偏中偏重	蚜虫中度，地下害虫偏重，烟青虫/棉铃虫偏轻	烟蚜中度偏轻，烟青虫、地下害虫轻度

（2）云南省烟草虫害发生情况

云南省是我国第一植烟大省。2018 年，云南省烟草公司在云南省 12 个植烟州市进行了 20 种烤烟病虫害发生流行监测，全省烤烟主要病虫害种类和发生程度与往年基本相同。

蚜虫：蚜虫危害烟叶较早，烟苗移栽后就开始发生危害，2018 年云南省烤烟蚜虫危害危害高峰出现在 6 月 30 日，危害株率为 0.61%，与 2017 年（7 月 10 日最高危害株率 0.92%）相比，2018 年蚜虫危害株率下降了 0.31 个百分点，属轻度发生危害年份。

烟青虫/棉铃虫：5 月 10 日烟青虫/棉铃虫就开始发生危害，6 月 10 日达到危害高峰，危害株率最高为 0.55%，与 2017 年（7 月 10 日最高危害株率 0.75%）相比下降了 0.2 个百分点，属轻度发生危害年份。

斜纹夜蛾：5月30日发生危害，但最高危害株率仅为0.25%，与2017年（最高危害株率为0.42%）相比下降了0.17个百分点，危害程度减轻，属轻度发生危害年份。

小地老虎：主要是在烟苗移栽期发生危害，最高危害株率为0.25%，与2017年（最高危害株率为0.55%）相比，危害有所下降，属零星发生危害年份。

金龟子：危害主要集中在5月下旬至7月中旬，7月中旬后危害急速下降，最高危害株率为0.72%，与2017年（最高危害株率为0.74%）相比持平，属零星发生危害年份。

2016—2018年保山市烤烟各类虫害发生占比情况如图4-8所示。

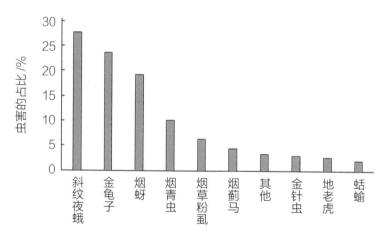

图4-8　2016—2018年保山市烤烟各类虫害发生占比情况

图4-8表明，保山植烟区主要虫害为斜纹夜蛾、金龟子、烟蚜，分别占总虫害的27.8%、23.7%、19.3%。斜纹夜蛾、金龟子主要以残食烟株叶片为主，危害较大，烟蚜以吸取烟株汁液为食，是病毒病转播的重要媒介，烟青虫危害中度偏轻。通过摆放斜纹夜蛾诱捕器、黄板、杀虫灯、施放蚜茧蜂等综合防治技术的应用，虫害得到一定控制，但受自然环境的影响，年度间无明显的规律性变化。

实地走访宣威市烟草公司，在热水镇对烟农发放问卷调查，共回收
60 份问卷调查表，收集整理虫害发生情况，结果表明，2018—2019 年
宣威市烟草虫害发生偏轻，虫害的发生远低于病害。主要害虫有蚜虫、
斜纹夜蛾、烟青虫、地老虎。烟青虫危害不大，但是抗药性强，吡虫啉
防效差，主要靠人工扑捉；斜纹夜蛾抗药性极强，封顶时发生严重。当
地的蚜虫主要是烟草公司进行烟蚜茧蜂进行统防统治，防效好，蚜虫造
成的危害较低，地老虎情况不严重。

4.2.4　烟草主要虫害防治现状

（1）蚜虫、小地老虎、斜纹夜蛾防治方法

蚜虫：及时打顶抹杈可使集中在烟株顶部嫩叶背面上危害的烟蚜大
部分随之被摘除；使用黄色粘板诱杀；推广应用烟蚜茧蜂防治烟草蚜虫。
化学防治药剂有 10% 吡虫啉粉剂 3 000 倍、5% 啶虫脒乳油 2 000 倍液。
生物防治人工繁殖散放烟蚜茧蜂天敌。

小地老虎：水旱轮作；诱杀成虫，用黑光灯、糖、醋、酒诱虫或捕杀；
诱杀幼虫，利用泡桐叶（或莴苣叶）诱杀幼虫；药剂防治，在烟苗移栽
前，将 90% 敌百虫 0.5 kg 或 50% 辛硫磷乳油 500 mL 加水 2.5 ～ 5 kg，
拌以幼虫喜食的碎鲜杂草或菜叶 4 050 kg，拌匀后按每亩 25 ～ 50 kg，
傍晚撒在烟田，50% 辛硫磷 1 000 倍或 2.5% 敌杀死 1 200 倍，每亩对水
75 ～ 100 kg，于幼虫 3 龄前喷施，效果显著。

斜纹夜蛾：诱杀成虫，可用黑灯、糖醋液、杨树枝把等进行诱杀，
或用甘薯、豆饼发酵物诱杀；摘除卵块和初孵幼虫；药剂防治，90% 敌
百虫、5% 高氯·甲维盐微乳剂 3 000 ～ 3 500 倍喷施中、下部烟叶和花蕾，
每隔 15 天施用 2 ～ 3 次。

（2）烟青虫的防治方法及研究进展

①农业防治

农业防治是指根据农业生态系统中害虫、作物、环境条件三者之间的

关系，结合农作物整个生产过程中一系列耕作栽培及管理措施，有目的地改变害虫生活条件和环境条件，使之不利于害虫的发生发展，而有利于农作物的生长发育，或是直接对害虫虫源和种群数量起到一定的抑制作用。

农业防治主要包括栽培制度和作物管理。烟青虫一般在团棵期开始发生，容易对烤烟产生危害，现蕾以后，其危害逐渐减轻。实践证明，适时提早移栽可以减轻烟青虫的危害，在减轻第一代烟青虫造成的危害的同时，还可在一定程度上避免第二代烟青虫的危害。此外，及时打顶抹杈可降低烟青虫的虫口密度，减轻危害。连作的烟田病虫害发生均严重，在烟草移栽前合理地轮作倒茬，处理残枝落叶，杀死藏匿于其中的幼虫和蛹消灭越冬虫源，可有效减少次年烟青虫的发生。冬春时节，深翻土地可以改变土壤的生态条件，破坏蛹室，抑制害虫生存。加强田间水肥管理，及时中耕除草，可以提高植株抗烟青虫虫害的能力。

②药剂防治

药剂防治有化学农药、植物源农药和微生物菌剂。

化学农药具有收效快、防治效果显著、使用方便、杀虫范围广等优点。目前，我国广泛应用于烟田防治烟青虫的化学药剂及使用方法要有4.5%高效氯氰菊酯乳油1 500倍、2.5%氯氟氰菊酯乳油2 000倍、20%氰戊菊酯（3 000倍稀释液）、2.5%溴氰菊酯乳油（2 000～3 000倍稀释液）、0.5%甲维盐微乳剂（1 500倍稀释液）防治效果显著。用药在幼虫3龄之前进行，轮换用药，减缓害虫产生抗药性。

一些植物源杀虫剂对烟青虫有很好的防治效果。植物源农药是指利用植物的根、茎、叶、花、果实以及种子自身，或是通过将植物组织进行浸提、分离，获得具有生活有效成分经加工而成的生物制剂。用于防治烟青虫的植物农药主要有印楝素、苦参碱、烟碱、藜芦碱。印楝素对烟青虫具有抑制生长发育和拒食作用；0.3%苦参碱水剂在其施药后1天、3天、7天对烟青虫的防治效果分别达到72.09%、93.55%、100%；3.5%苦皮素乳油防治烟青虫也有较好的防治效果；紫茎泽兰提取物尽管对大田烟青虫的防治作用较慢，但是其 300 倍和 500 倍稀释液处理防效超过 90%，近似于化学农药 2.5% 敌杀死乳油 2 000 倍稀释液的防效。

微生物菌剂是指利用微生物或是微生物的分泌提取物防治动植物病虫害的一种新型生物防治药剂。用在烟青虫防治上的微生物菌剂主要有阿维菌素、苏云金芽孢杆菌、棉铃虫核型多角体病毒、短稳杆菌等种类。1.8% 阿维菌素乳油 2 000 倍稀释液对 3 龄前烟青虫防治效果高达 90% 以上；苏云金芽孢杆菌，其对烟青虫的防治效果显著，施药后 1 天、3 天、7 天对烟青虫的防治效果分别达到 44.18%、90.32%、100%；核型多角体病毒 JN8217 对烟青虫幼虫具有较强的感染力，在大田喷雾使用时，烟青虫的死亡率达到 70%，防治效果十分显著。

③生物防治

生物防治是利用一种生物对付另一种生物的方法。传统的生物防治是指利用害虫的天敌来防治害虫。广义上，生物防治法是指利用生物或其天然产物以及生物技术控制有害生物的方法，包括天敌生物蠋蝽、姬蜂、赤眼蜂、绒茧蜂、草蛉、瓢虫、华姬猎蝽及蜘蛛等，其中蠋蝽防治烟青虫和斜纹夜蛾技术已获全面成功，现全国试点推广 13.08 万亩，平均防治效果达 50% 以上；昆虫不育中 2 种雄性不育剂（棉酚、三胺硫磷）和 1 种雌性不育剂（氟尿嘧啶）对田间烟青虫的防治效果达 90%，且环境相容性好、价格低廉，可以考虑在今后的田间防治中大面积使用；利用 Co 辐射羽化前 12 ～ 24 h 的烟青虫，可使成虫产卵量明显降低，与正常的雄虫交配后，受精卵孵化率降低到 1.23%；昆虫性外激素具有很强的诱集能力，并且有高度专化性，合成性诱剂的防效也显著，黄遂甫等用合成性诱剂进行大面积烟青虫防治，与化学防治相比成本降低了 34.2%，但得到 90.7% 的相同防效。

④综合防治

害虫综合防治是允许害虫在经济损害水平以下继续生存，不要求彻底消灭害虫，为天敌提供生活所必需的要素，充分利用自然控制因素，强调防治措施之间的相互协调和综合，强调害虫综合防治体系的动态性。沈阳等对云南昭通烟田主要害虫烟蚜和烟青虫进行综合防治，通过设置黄板、夜蛾诱捕器、杀虫灯、释放瓢虫和赤眼蜂、喷施低毒农药，试验结果表明，综合防治区对害虫的控制效果比化学防治区高出 13.84%。在烟草病虫害的综合防治研究方面，潘一展等和韦学平等分别研究了豫东地区和广西百色市，将农业防治、化学防治和生物防治相结合，明显降低了烟田病虫害发生概率。

（3）烟草虫害绿色防控现状

2016 年，中国烟草总公司启动了烟草绿色防控重大专项，实现烟草病虫害防治由化学防治为主向绿色防控为主的转变，实现绿色防控从烟蚜茧蜂防治蚜虫单项技术到"三虫三病"（蚜虫、烟青虫 / 斜纹夜蛾、地老虎，病毒病、青枯病 / 黑胫病、赤星病 / 野火病）综合防治技术体系的跨越，实现绿色防控技术应用从烟草农业到大农业的跨越，提升烟叶生产安全、烟叶质量安全及烟区生态安全。

①烟草"三虫三病"绿色防控技术

"三虫"的防治技术分别为以寄生性天敌应用为核心的蚜虫绿色防控技术、以性 / 食 / 灯诱为核心的烟青虫 / 斜纹夜蛾绿色防控技术、以减量精准施药与理化诱控技术为核心的地老虎绿色防控技术。

以寄生性天敌应用为核心的蚜虫绿色防控技术。研究蚜茧蜂的种蜂退化与复壮、滞育调控、定殖性提升的关键科学机理。深入蚜茧蜂工程化扩繁研究，突破高密度繁育、替代寄主、重寄生蜂控制、延长货架期等重大技术"瓶颈"，形成商品化生产技术及产品质量控制标准。开展瓢虫、食蚜蝇等其他天敌规模化应用研究，建立害虫天敌资源库。结合烟区作物类型及分布情况，建立以蚜茧蜂利用为主、其他天敌为补充的复合应用技术，研究明确技术应用的目标区域、目标作物和目标蚜虫，在烟草及农业作物上大规模推广应用，并科学评价生态效应。

以性 / 食 / 灯诱为核心的烟青虫 / 斜纹夜蛾绿色防控技术。解析烟

青虫 / 斜纹夜蛾的信息通讯与识别机制，突破成虫行为调控关键技术 "瓶颈"，解决信息素持效期短、食 / 灯诱杀靶标专一性弱等技术难题。研发用于烟青虫 / 斜纹夜蛾成虫防治的性诱、食诱和灯诱技术，开发成虫组合诱杀装置及其使用技术。研发防治烟青虫 / 斜纹夜蛾幼虫的高效生防制剂，发展 "生防制剂施用 + 天敌昆虫释放" 综合协同的防治技术。结合烟区作物类型及分布情况，构建不同生态区的烟青虫 / 斜纹夜蛾绿色防控技术体系，在烟草及农业作物上示范推广，并科学评价生态效应。

以减量精准施药与理化诱控技术为核心的地老虎绿色防控技术。研究地老虎优势种类远距离迁飞的生态基础。揭示地老虎对主要引诱源的识别机制，突破地老虎成虫精准控制的技术 "瓶颈"。研发防治地老虎幼虫的减量精准施药技术。开发防治地老虎幼虫的生物源农药和高效低毒农药。优化防治地老虎成虫的理化诱控技术。结合烟区作物类型及分布情况，构建不同生态区的地老虎绿色防控技术体系，在烟草及农业作物上示范推广，并科学评价生态效应。

②烟草 "三虫" 绿色防控专项进展

2018 年，各烟叶主产省（区、市）围绕 "三虫三病" 防治靶标的强化单项技术突破，着力技术推广应用及示范作用，加快绿色防控关键技术的创新与集成，初步形成了六大绿色防控控综合示技术，支持并促进绿色防控从单一技术推广向立体防控集成，从烟草农业推广向大农业延伸，从注重经济效益为主向经济、生态和社度目标效益协调统一的转变。化学农药用量持续降低。2018 年，全国烟区亩均化学农药用量与 2017 年相比减少了 4.6%，与 2015 年相比减少了 30.1%。

2019 年，蚜茧蜂防治蚜虫技术在烟草农业上推广 1 330.69 万亩，在大农业上推广 1 495.74 万亩；蚜虫防治效果 84.19%，较 2018 年提升了 2.4%。自 2014 年以来，蚜茧蜂防治蚜虫技术在烟草农业和大农业累计推广 1.31 亿亩，防治效果稳定在 70% 以上。蠋蝽防治烟青虫和斜纹夜蛾技术全面完成试点推广任务，全国试点推广 13.08 万亩，平均防治效果 54.38%，得到了联合国粮农组织专家的充分肯定和高度评价。此外，各烟叶主产省（区、市）聚焦"三虫三病"共性靶标，兼顾区域性病虫害，强化技术创新，突出技术集成，着力技术推广，示范作用凸显，绿色防控整体水平显著提高。

4.2.5 烟草虫害农药使用情况

（1）登记用于防治烟草烟青虫的药剂

查阅农药信息网，目前为止，登记的防治烟青虫的农药产品有 620 个，仅登记在烟草上的有 148 个，与其他作物一起登记的有 472 个，其中在有效期内的有 215 个，分类整理后的见表 4-12。按有效成分为苏云金杆菌 70 个，高效氯氰菊酯 29 个，高效氯氟氰菊酯 26 个，乐果 17 个，溴氰菊酯 15 个，敌百虫 12 个，乙酰甲胺磷 8 个，甲氨基阿维菌素苯甲酸盐 8 个，苦参碱 6 个，茚虫威、烟碱和印楝各 1 个。生物源农药占比较小。

表 4-12 登记用于烟草烟青虫防治的农药

登记名称	有效成分含量	登记产品个数
氰戊菊酯	氰戊菊酯 20%	1
S- 氰戊菊酯	S- 氰戊菊酯	3
氰戊·辛硫磷	S- 氰戊菊酯＋辛硫磷	1
高效氯氟氰菊酯	高效氯氟氰菊酯	26
辛硫·高氯氟	高效氯氟氰菊酯＋辛硫磷	1
高效氯氰菊酯	高效氯氰菊酯	29
氯菊酯	氯菊酯 10%	1
氯氰菊酯	氯氰菊酯 5%	1
噻虫·高氯氟	噻虫嗪＋高效氯氟氰菊酯	3
溴氰菊酯	溴氰菊酯	15
高氯·甲维盐	高效氯氰菊酯＋甲氨基阿维菌素苯甲酸盐	6
甲氨基阿维菌素苯甲酸盐	甲氨基阿维菌素	8
乙酰甲胺磷	乙酰甲胺磷	8
辛硫磷	辛硫磷	2

登记名称	有效成分含量	登记产品个数
灭多威	灭多威	3
乐果	乐果	17
敌百虫	敌百虫	12
杀虫环	杀虫环 50%	1
氰戊·乐果	乐果＋氰戊菊酯	2
甲萘威	甲萘威	2
茚虫威	茚虫威	1
甘蓝夜蛾核型多角体病毒	甘蓝夜蛾核型多角体病毒	1
苏云金杆菌	苏云金杆菌	70
苦参碱	苦参碱	6
烟碱	烟碱 10%	1
印楝	印楝	1

（2）烟草虫害推荐用药

表 4-13 为 2009 年和 2017—2019 年烟草农药推荐使用名录中防治虫害的药剂名单。

表 4-13　2009 年、2017—2019 年烟草农药推荐使用名录中防治虫害的药剂名单

对象	2009 年	2017 年	2018 年	2019 年
烟蚜	涕灭威、 吡虫啉、 啶虫脒	吡虫啉、 啶虫脒、 噻虫·高氯氟、 联苯·噻虫嗪、 噻虫嗪、 吡蚜酮、 醚菊酯	阿维·吡虫啉 吡虫啉 啶虫脒 噻虫·高氯氟 联苯·噻虫嗪 噻虫嗪 吡蚜酮 醚菊酯	藜芦碱 阿维·吡虫啉 吡虫啉 啶虫脒 噻虫嗪·高氯氟 联苯·噻虫嗪 噻虫嗪 吡蚜酮 醚菊酯 除虫菊素

对象	2009 年	2017 年	2018 年	2019 年
烟青虫	苦参碱、灭多威、溴氰菊酯、高效氯氟氰菊酯	印楝素 醚菊酯 灭多威 噻虫嗪 苦参碱 烟碱 氯氰菊酯 溴氰菊酯 S- 氰戊菊酯 甲氨基阿维菌素苯甲酸盐 高氯·甲维盐 苏云金杆菌	茚虫威 甲维·高氯氟 甲氨基阿维菌素 印楝素 醚菊酯 灭多威 噻虫嗪 苦参碱 烟碱 氯氰菊酯 溴氰菊酯 S- 氰戊菊酯 甲氨基阿维菌素苯甲酸盐 高氯·甲维盐 苏云金杆菌	印楝素 醚菊酯 茚虫威 阿维菌素·甲氧虫酰肼 甲维·高氯氟 噻虫嗪 苦参碱 烟碱 氯氰菊酯 溴氰菊酯 氯氟氰菊酯 S- 氰戊菊酯 甲氨基阿维菌素苯甲酸盐 高氯·甲维盐 苏云金杆菌 棉铃虫核型多角体病毒 短稳杆菌
斜纹夜蛾	高氯·甲维盐	高氯·甲维盐 甲维·高氯氟	高氯·甲维盐 甲维·高氯氟 阿维菌素·甲氧虫酰肼 甲氨基阿维菌素苯甲酸盐	高氯·甲维盐 甲维·高氯氟 阿维菌素·甲氧虫酰肼 甲氨基阿维菌素 氯氰菊酯
地老虎		氟氯氰菊酯	氟氯氰菊酯	丁硫·甲维盐 氟氯氰菊酯
蛞蝓		四聚乙醛	四聚乙醛	四聚乙醛

　　推荐用于烟草虫害的农药逐年增加，2009—2020 年，防治烟蚜的从 3 种有效成分增加 10 种有效成分，防治烟青虫的从 4 个增加到 17 个，

10 年增长 4 倍多。防治的药剂中，生物农药推荐力度类逐年增大，2020年有苦参碱、烟碱、藜芦碱、印楝素、苏云金杆菌、棉铃虫核型多角体病毒、短稳杆菌种类。

（3）烟草禁用农药

相比其他作物，烟草的农药使用要求更高、更严，中国烟叶生产购销公司每年发布烟草禁用农药。表 4-14 为 2018—2020 年烟草禁用农药名单，共 47 种。

表 4-14　2018—2020 年烟草禁用农药名单

六六六	杀虫脒	狄氏剂	甲基对硫磷	速灭磷
克百威（呋喃丹）	六氯苯	2, 4, 5- 涕	林丹	二溴乙烷
汞制剂	对硫磷	内吸磷	氯丹	敌菌丹
乙基已烯乙二醇	滴滴涕	二氯乙烷	砷、铅类	久效磷
八甲磷	七氯	赛力散（PMA）	氰化合物	滴滴滴（TDE）
环氧乙烷	敌枯双	磷胺	三氯杀螨砜	氯乙烯
草枯醚	黄樟素	毒杀芬	除草醚（除草剂）	氟乙酰胺
苯硫磷	乙酯杀螨醇	五氯酚（PCP）	除草定	硫酸亚铊
二溴氯丙烷	艾氏剂	甲胺磷	溴苯磷	乐杀螨
比久（生长调节剂）	氯化苦			

值得注意是的，登记可用于烟草的一些农药品种并不在中国烟草总公司推荐的烟用农药之列，说明烟草用药更为严格，所用农药毒性更低。例如，乙酰甲胺磷、涕灭威、灭多威、辛硫磷、甲萘威、乐果、敌百虫、杀虫环都是登记可用于烟青虫防治的农药，同时又不在烟草禁用农药名单内，但是也都不在烟草用药推荐名录内，因些也不可用在烟草上。

（4）一些烟区的烟草农药实际使用情况

通过文献调研、通讯访谈、实地调研，获得如下烟草种植区农药使用信息。

①云南省曲靖市 2017—2019 年烟草用药情况

表 4-15 为曲靖市 2017—2019 年烤烟生产统一防治用药情况。曲靖市 9 个县、市烤烟种植病虫统防统治中均没有发放防治烟青虫的药剂，用于防治虫害的只有蓝板。烟农在防治过程中主要依靠物理防治和人工扑捉，杀虫剂作为辅助防治手段。表 4-16 为宣威市热水镇烟草种植面积最大的三户 2019 年虫害发生及农药使用情况。

表 4-15　云南省曲靖市 2017—2019 年度烤烟生产统一防治用药情况

单位：kg

烟区	年份	6%二氧化氯	58%甲霜锰锌可湿性粉剂	66.5%霜霉威盐酸盐水剂	80%烯酰吗啉水分散粒剂	50%烯酰吗啉可湿性粉剂	50%咪鲜胺锰盐可湿性粉剂	蓝板/片	20%噻霉·稻瘟灵微乳剂	20%吗胍·乙酸铜可湿性粉剂	10亿个/克草芽孢杆菌可湿性粉剂 防治野火病	10亿个/克草芽孢杆菌可湿性粉剂 防治赤星病	3%多抗霉素水剂	24%混脂·硫酸铜水乳剂	0.5%香菇多糖水剂	20%辛菌胺醋酸盐水剂
麒麟	2017	2 200	4 100	2 200	308	—	656	120 000	904	1 270	—	—	1 414	2 388	—	—
	2018	2 180	2 400	—	196	—	650	138 460	720	1 200	—	1 590	1 264	1 200	1 110	—
	2019	—	—	—	—	340	—	138 460	740	—	925	2 830	2 728	1 300	2 650	775
沾益	2017	1 900	1 400	2 224	292	—	664	100 000	920	1 300	—	—	1 414	2 428	—	—
	2018	2 000	2 450	—	188	—	660	141 320	730	1 224	—	1 625	1 288	1 224	1 130	—
	2019	—	—	—	—	340	—	141 320	750	—	940	2 890	2 784	1 328	2 700	790
马龙	2017	2 400	1 200	2 372	312	—	712	300 000	984	1 380	—	—	1 547	2 600	—	—
	2018	2 400	2 650	—	200	—	710	153 000	800	1 324	—	1 760	1 400	1 324	1 220	—
	2019	—	—	—	—	368	—	153 000	800	—	1 020	3 130	3 016	1 440	2 910	855
宣威	2017	4 200	4 280	4 236	560	—	1 264	120 000	1 760	2 460	—	—	2 758	4 628	—	—
	2018	3 640	4 700	—	360	—	1 270	270 960	800	2 352	—	3 125	2 478	2 348	2 170	—
	2019	—	—	—	—	656	—	270 960	1 420	—	1 810	5 545	5 384	2 548	5 160	1 525

烟区	年份	6%二氧化氯	58%甲霜锰锌可湿性粉剂	66.5%霜霉威盐酸盐水剂	80%烯酰吗啉水分散粒剂	50%烯酰吗啉可湿性粉剂	50%咪鲜胺锰盐可湿性粉剂	蓝板/片	20%噁霉·稻瘟灵微乳剂	20%吗胍·乙酸铜可湿性粉剂	10亿个/克枯草芽孢杆菌可湿性粉剂 防治野火病	防治赤星病	3%多抗霉素水剂	24%混脂·硫酸铜水乳剂	0.5%香菇多糖水剂	20%辛菌胺醋酸盐水剂
富源	2017	1 300	2 800	1 808	560	—	536	60 000	752	1 050	—	—	1 176	1 980	—	—
	2018	1 340	1 950	—	152	—	530	114 740	1 410	992	—	1 315	1 050	992	910	—
	2019	—	—	—	—	280	—	114 740	600	—	760	2 345	2 256	1 080	910	640
罗平	2017	4 400	2 600	3 920	236	—	1 200	100 000	1 624	2 300	—	—	2 576	4 288	—	—
	2018	3 860	4 300	—	328	—	1 160	248 240	1 300	2 148	—	2850	2 264	2 152	1 990	—
	2019	—	—	—	—	600	—	248 240	1 300	—	1 655	5 090	4 888	2 336	4 720	1 390
师宗	2017	3 600	2 100	3 108	516	—	928	125 000	1 228	1 810	—	—	2 030	3 400	1 600	—
	2018	3 580	3 450	—	—	—	930	199 560	1 030	1 724	—	2 300	1 824	1 728	3 800	1 120
	2019	—	—	—	264	480	—	199 560	1 050	—	1 330	4 090	3 928	1 876	1 370	—
陆良	2017	2 000	6 000	2 784	408	—	832	146 000	1 160	1 620	—	—	1 820	3 048	—	—
	2018	2 000	3 000	—	232	—	800	171 020	900	1 496	—	1 965	1 552	1 492	3 250	955
	2019	—	—	—	—	412	—	171 020	910	—	1 140	3 500	3 368	1 624	—	—
会泽	2017	700	1 000	988	368	—	296	40 000	408	570	—	—	644	1 080	—	—
	2018	1 000	1 100	—	80	—	290	62 700	320	540	—	720	580	540	500	—
	2019	—	—	—	—	160	—	62 700	330	—	420	1 280	1 232	588	1 200	350

表 4-16　宣威市热水镇烟草种植面积最大的三户 2019 年虫害发生及农药使用情况

调查人	种植面积/亩	主要虫害	农药使用情况
烟草种植户 1	30	烟蚜、烟青虫、地老虎	烟草公司统防统治药剂主要用于病害防治，虫害还需自行购买药剂。烟蚜主要是烟草公司用烟蚜茧蜂进行防治，自已购买农药为吡虫啉，效果好。吡虫啉对烟青虫的效果一般，烟青虫虽危害不大，但不好防治，用的药剂有阿维菌素乳油和高效氯氰菊酯，人工扑捉也是重要的防治方法之一。地老虎主要靠敌杀死（溴氰菊酯）进行防治
烟草种植户 2	50	烟蚜、烟青虫、地老虎	自行购买药剂防治使用的农药符合推荐名单，没有发现禁限农药。烟青虫的防治手段主要靠人工打落，打落后使用敌杀死和除虫菊素，地老虎的防治使用敌杀死，蚜虫则是吡虫啉
烟草种植户 3	28	烟青虫、烟蚜、斜纹夜蛾	以虫害为主，烟青虫数量最多，防治使用高氯·甲维盐，但施药量大。烟蚜的危害程度较低，使用吡虫啉。斜纹夜蛾的防治靠敌杀死。根结线虫的防治使用的是阿维菌素

通过调查可知，当地的烤烟种植中主要危害是病害，虫害的危害不严重。防治蚜虫烟农自行购药主要为吡虫啉较多，防效好，烟青虫的防治实际以人工防治为主，施药为辅助，药剂主要为菊酯类。地老虎和斜纹夜蛾的防治使用敌杀死。当地烟农基本都没有人听说和使用过硫丹，对烟蚜茧蜂的使用需求逐年增加。

②云南省曲靖市 2020 年烤烟生产统防统治用药分配数量

全市烟用农药和消毒剂由市局（公司）统一招标采购、统一配发到各分公司。2020 年，苗期农药统防农药为 20% 辛菌胺醋酸盐水剂、20% 噁霉·稻瘟灵微乳剂、24% 混脂·硫酸铜水乳剂，免费提供给专业化育苗业主；2020 年，大田期农药统防农药为 50% 烯酰吗啉可湿性粉剂、100 亿芽孢 /g 枯草芽孢杆菌可湿性粉剂、10 亿个 /g 枯草芽孢杆菌可湿性粉剂、0.3% 多抗霉素水剂、10% 盐酸吗啉胍、0.5% 香菇多糖水剂，按平价销售给烟农。

（5）小结

烟草属于特殊经济作物，由中国烟草总公司垂直管理，对农药的使用有严格要求，2017 年以后虽然烟草农药推荐变为参考性文件，但是不管是烟草公司统防统治用药还是烟农自行购买农药，都以参考文件为准，没有违规用药情况，而且随着烟草绿色防控重大专项的不断推进，化学农药用量持续降低，2018 年全国烟区亩均化学农药用量与 2017 年相比减少 4.6%，与 2015 年相比减少 30.1%。推荐用于烟草虫害的农药品种逐年增加，2020 年防治烟青虫的有效成分增加到 17 个，烟碱、藜芦碱、印棟素、苏云金杆菌、棉铃虫核型多角体病毒、短稳杆菌等生物农药推荐力度类逐年增大，化学农药虽然推荐品种多，但因虫害危害不大的原因，烟草统防统治中主要为病害的药剂，虫害主要使用篮板和灯诱杀，烟农自行购买防治烟青虫的药剂主要为菊酯类，且使用量少。

4.2.6　硫丹在烟草种植上的使用情况

硫丹在我国烟草种植上的禁用日期是 2019 年 3 月，本项目从以下方面调查了我国硫丹在烟草上的履约情况。

（1）烟草农药使用推荐名录和统防统治农药调查分析

从 1999 年开始发布烟草农药使用推荐名录至 2016 年，中国烟草总公司规定，烟草所用农药必须在推荐农药名录中，推荐名录中没有硫丹；2016 年以后虽不再发布年度烟草农药使用推荐意见，烟草农药推荐变为参考性文件，但是中国烟草总公司及各级公司对烟草农药的使用仍有严格的要求，各级烟草公司对农药实行统购统防，且统防统购必须在推荐农药名录内。

高毒农药在烟草上已被禁用，硫丹虽然没有列入烟草禁用名单，但也不在推荐名单内，各级烟草公司统购统防的农药中没有硫丹。实地调查中各级烟草公司、烟草植物技术人员、烟农均未听说过在烟草上使用硫丹。

（2）烟农对农药的认知及自购农药调查分析

烟农是烟草种植的直接实施者，烟农对农药的认知程度与烟草的病虫害防治和烟草的质量直接相关。本项目对曲靖市马龙县旧县烟站、宣威市热水镇60户烟农进行了实地问卷调查,对云南保山、普洱,陕西洛南、黄龙,贵州毕节咸宁县、铜仁德江县、兴义市万屯烟站,河南许昌市等30户烟农进行了电话问卷调查。调查结果表明,烟草种植者多为经验丰富的专业烟草种植户,有接受过病虫害防治知识培训,对烟草种植有一定的经验和知识,对烟用农药比较了解,遵守农药使用规定,哪些农药可以使用,哪些农药不能使用都较为清楚,购买时最关心的是药效和安全性,价格不是主要因素。调查的烟农中,没有人使用过硫丹,也没有听说过硫丹。烟农对烟草农药的认知及硫丹的使用情况见表4-17。

表 4-17　烟农对烟草农药认知及硫丹的使用情况

问题	调查结果
烤烟所用农药是自行购买,还是烟站统一发放	烟站统一发放,但也会购买一些杀虫剂
每年是否有专业技术人员对病虫害防治进行指导	有,烟草公司和烟站有定期培训,烟站或合作社社长进行全程指导
烟草上有没有使用过硫丹、硕丹或者赛丹	没有
有没有听说过硫丹、硕丹或赛丹	没有
您对哪些农药是高毒农药是否了解	了解占80%,了解一些占20%
最关注的是农药的安全、价格、药效	药效第一占50%,安全第一占50%

（3）农药经销商调查分析

通过电话调查云南天穗、广州苗博士、河南优利普、山东叁陆零等30家农业科技与农资经销公司,实地走访了云南曲靖市20家农资经销商,这些商家都未曾销售过硫丹。农药经销商持证经营,每年参加农药销售相关培训,同时市场管理门也会对农药经销商进行监管,查处禁用农药的销售。调查中发现,大公司的市场销售人员都具有较高的文化水平,80%有大学本科学历,有一定的农药专业知识,有60%了解什么是持久性有机污染物,在市、县、镇农资店的销售人员文化水平差异较大，几乎没有大学本科学历人员，多为初中文化水平，没有听过说持久性有机污染，但是对农药的使用有一定的实践经验，同时也没有听说过和销售过硫丹。农药经销商对硫丹的认识及销售情况调查见表4-18。

表4-18　农药经销商对硫丹的认知及销售情况

问题	调查结果
是否知道烟草有烟草使用推荐名录	知道
销售烟草用药是否都在推荐名录内	是
有没有销售过硫丹	没有
2019 年以后有没有销售过硫丹	没有
有无烟农要求购买过硫丹	没有
2019 年以后，有无烟农要求购买硫丹	没有
有无定期参加农药相关培训	有，定期参加市场监管部门和农业农村局的培训
是否了解什么是持久性有机污染物	了解一些占 20%，不了解占 80%

调查得知，为确保农药经销人员的专业水平和专业素养，各地农业部门对从事农药销售的人员进行相关培训，以云南省 2018 年的培训为例，农业厅印发了"云南省农业厅关于印发《农药经营人员培训工作指导意见》的通知"（云农种植〔2018〕12 号），对培训的总体要求、培训对象、培训方式、培训内容都做了详细的要求，培训结束后，必须组织学员进行考核，对考核合格者，颁发农药经营人员培训证书，证书有效期为 5 年。

以云南文山州 2019 年第一期农药经营人员培训为例，培训时间为 2019 年 3 月 25—31 日，地点在文山普阳酒店会议厅，共 131 名学员参加了培训。参训人员通过考勤分、试卷成绩综合评定，成绩全部合格准予发放《农药经营人员培训合格证书》，完成农药经营人员上岗培训任务。

（4）烟草管理部门对烟草用药管理分析

①烟草管理部门对烟草用药的管理及对硫丹的认知

通过电话和实地走访对烟草管理部门进行了烟草农药使用问卷调查，共调查了 20 家单位（中国烟草总公司、烟草分公司、烟站），调查情况见表 4-19。

表 4-19　烟草管理部门对烟草用药的管理及对硫丹的认知情况

问题	调查结果
是否有专门部分或人员负责烟草农药的使用和监管	有
是否关注国家有关农药的相关政策和法规	是
如何推行中国烟草总公司的烟草推荐名录	按推荐名录进行农药招标统购
是否对烟农进行烟用农药相关培训	是
是否明确告知烟农哪些农药烟草禁用	是
是否了解《关于持久性有机污染物的斯德哥尔摩公约》	是
是否了解硫丹的毒性，环境特性	了解占 50%，不了解占 50%
是否知道硫丹 2019 年在烟草上禁用	是

调查结果有 50% 烟草管理者对硫丹不了解，原因是其所接触到的烟草种植中至少 30 年未使用硫丹。

②烟草种植中农药管理办法

为认真贯彻落实《农药管理条例》和行业有关规定，切实做好新形势下烟草农药管理工作，中国烟草总公司印发《烟叶物资采购供应管理办法》（中烟办〔2015〕26 号），对农药的采购使用作出详细的规定。

首先，规范采购，确保质量。各产区烟草公司要依据国家有关法律法规以及行业有关规定进一步规范烟草农药采购工作，严格执行国家对农药的禁限用规定，切实结合当地病虫害发生情况和绿色防控要求，选择安全、高效、低毒、低残留的农药，不断优化农药品种结构，所购农药必须农药登记证、农药生产许可证、农药产品质量标准齐全，取得烟草登记且生产日期在登记有效期内，保证烟草农药安全、及时、有效供应，保护国家利益、烟农利益以及农药生产经营企业的合法权益。

其次，注重科学安全合理用药。强化对烟叶技术人员、烟农专业合作社服务人员和烟农的培训，推广先进农药施用技术和先进施药器械，对症科学、安全、合理用药。严格遵循施药剂量、方法、次数、防治时期和安全间隔期，注意轮换、交替用药，减少农药用量，缓解有害生物的抗药性，提高防治效果，防止污染烟叶，避免出现药害。指导烟农严格遵守国家标准规定的农药防毒规程，妥善保管农药，正确配药、施药，做好安全防护和废弃物处理工作，防止农药中毒事故和农药污染环境。

最后，大力开展病虫害绿色防控。积极响应中央"一控两减三基本"的号召，继续贯彻"预防为主、综合防治"的植保方针，强化科学植保、公共植保、绿色植保"理念，大力开展绿色防控。要在农业防治和健康栽培的基础上，综合采取生态调控、生物防治、物理防治和减量精准施药等环境友好型防治措施，在保证防控效果的前提下进一步减少化学农药使用。

4.2.7 硫丹在烟草上的替代品及效果评价

（1）硫丹在烟草上的替代品

虽然硫丹对烟青虫防治有特效，但据以上调查可知，硫丹在我国烟草至少10年没有使用，用于防治烟蚜和烟青虫的农药品种丰富，硫丹的替代品充足。农药信息网上查到用于防治烟青虫的在有效期的产品有215个。

中国烟草总公司在登记药剂中，根据药效及安全试验结果，选印楝素、醚菊酯、茚虫威、阿维菌素·甲氧虫酰肼、甲维·高氯氟、噻虫嗪、苦参碱、烟碱、氯氰菊酯、溴氰菊酯、氯氟氰菊酯、S-氰戊菊酯、甲氨基阿维菌素苯甲酸盐、高氯·甲维盐、苏云金杆菌、短稳杆菌、棉铃虫核型多角体病毒作为推荐用药，这些药剂防效好，对烟叶和环境安全性高，可作为硫丹替代品。表 4-20 为用于防治烟青虫的硫丹的替代药剂使用方法。

表 4-20　用于防治烟青虫的硫丹的替代药剂使用方法

序号	产品名称	防治对象	有效成分常用量	有效成分最高用量	施药方法	最多使用次数	安全间隔期/d
1	0.3% 印棟素乳油	烟青虫	0.3 g/a	0.45 g/a	喷雾	2	10
2	10% 醚菊酯悬浮剂	烟青虫	9 g/a	10 g/a	喷雾	2	10
3	30% 醚菊酯水乳剂	烟青虫	6 g/a	9 g/a	喷雾	2	10
4	4% 茚虫威微乳剂	烟青虫	0.48 g/a	0.72 g/a	喷雾	2	10
5	10% 阿维菌素·甲氧虫酰肼悬浮剂	烟青虫	3 g/a	4.5 g/a	喷雾	2	10
6	10% 甲维·高氯氟微乳剂	烟青虫	0.6 g/a	0.8 g/a	喷雾	2	10
7	25% 噻虫嗪水分散粒剂	烟青虫	1.5 g/a	1.75 g/a	喷雾	2	10
8	0.5% 苦参碱水剂	烟青虫	800 倍液	600 倍液	喷雾	2	10
9	0.3% 苦参碱水剂	烟青虫	制剂 100 mL/a	制剂 150 mL/a	喷雾	2	10
10	10% 烟碱乳油	烟青虫	6.3 g/a	7.5 g/a	喷雾	2	10
11	5% 氯氰菊酯乳油	烟青虫	1 200 倍液	1 000 倍液	喷雾	2	10
12	25 g/L 溴氰菊酯乳油	烟青虫	2 500 倍液	1 000 倍液	喷雾	2	10
13	25 g/L 高效氯氟氰菊酯乳油	烟青虫	0.8 g/a	0.9 g/a	喷雾	2	10
14	10% 高效氯氟氰菊酯水乳剂	烟青虫	0.8 g/a	0.9 g/a	喷雾	2	10
15	50 g/L S- 氰戊菊酯水乳剂	烟青虫	0.6 g/a	1.2 g/a	喷雾	2	10
16	1% 甲氨基阿维菌素苯甲酸盐微乳剂	烟青虫	1 500 倍液	1 000 倍液	喷雾	2	10
17	5% 高氯·甲维盐微乳剂	烟青虫	0.83 g/a	1.25 g/a	喷雾	2	10
18	3.4% 甲氨基阿维菌素苯甲酸盐微乳剂	烟青虫	制剂 3.33 mL/a	制剂 5 mL/a	喷雾	2	10

序号	产品名称	防治对象	有效成分常用量	有效成分最高用量	施药方法	最多使用次数	安全间隔期/d
19	5% 甲氨基阿维菌素苯甲酸盐可溶粒剂	烟青虫	0.15 g/a	0.2 g/a	喷雾	2	10
20	5.7% 甲氨基阿维菌素苯甲酸盐水分散粒剂	烟青虫	0.15 g/a	0.2 g/a	喷雾	2	10
21	1% 甲氨基阿维菌素水乳剂	烟青虫	0.025 g/a	0.03 g/a	喷雾	2	10
22	16 000 IU /mg 苏云金杆菌可湿性粉剂	烟青虫	制剂 50 g/a	制剂 75 g/a	喷雾	2	10
23	600 亿 PIB / g 棉铃虫核型多角体病毒水分散粒剂	烟青虫	制剂 3 g/a	制剂 4 g/a	喷雾	2	10
24	100 亿孢子 /mL 短稳杆菌悬浮剂	烟青虫	制剂 71.4 mL/a	制剂 100 mL/a	喷雾	2	10

注：a 为亩。

IU 是表示酶活力的国际单位，即 1 IU ＝ 1 μmol/min，16 000 IU/mg 的意思为 1 mg 的苏云金杆菌，每分钟能转化 16 000 μmol 底物，指其杀虫能力。

PIB 是 多角体（polyhedral inclusion body）的英文简写，用在生物、农药领域，表示棉铃虫多角体病毒。

从各烟草公司统防统治用药情况可知，上述防治烟青虫的药剂都没有发放，从实地调查可知，烟农自购买防治烟青虫的药剂主要为菊酯类及印楝素。

实地走访中，烟农防治烟青虫使用较多的药剂为菊酯类和苏云金杆菌。但根据抗药性监测结果，烟青虫对部分化学药剂产生了一定的抗药性，导致防治效果有所下降，可加大苦楝素和苦参碱等生物农药。

（2）硫丹在烟草上的替代品的效果

在实地调研了现有烟青虫的防治方法与效果，通过文献搜索，整理了硫丹替代品防治效果和环境安全性的试验效果，见表 4-21。

表 4-21　硫丹替代品防治效果和环境安全性

硫丹替代品	文章	对烟青虫防治效果	安全性	试验单位
0.3% 苦参碱水	0.3% 苦参碱水剂对烟青虫和烟蚜的防治效果试验, 2007	与对照 40% 乙酰甲胺磷药剂防治效果相当, 有较好的防治效果	对烟叶安全, 对环境安全	湖北省烟草科研所
0.3% 印楝素	0.3% 印楝素可溶液剂防治烟草烟青虫田间药效试验, 2018	在烟青虫始盛发期施药 1 次, 能有效地防治烟草烟青虫对烟草的危害	对烟叶安全, 对环境安全	河北省襄樊市烟草公司
0.3% 印楝素乳油	0.3% 印楝素乳油防治烟青虫田间药效试验, 2015	对低龄幼虫具有较好的防治效果, 药后 7 天后达到 93%	对烟草生长安全, 对环境安全	广西贺州市八步区植物保护站
0.5% 甲氨基阿维菌素苯甲酸盐	0.5% 甲氨基阿维菌素苯甲酸盐微乳剂防治烟青虫田间药效试验, 2011	速效性较好, 持效期为 7 天左右, 总体防效优于对照药剂 90% 灭多威可湿性粉剂	—	四川省烟草公司技术中心
1% 甲氨基阿维菌素苯甲酸盐乳油	1% 甲氨基阿维菌素苯甲酸盐乳油防治烟青虫田间药效研究, 2010	良好的防治效果。与对照药剂 1.8% 阿维菌素乳油的防治效果相当, 药效可持续 10 天以上	对烟叶安全	河北省沧州市植物保护站
1.8% 阿维菌素乳油	1.8% 阿维菌素乳油防治斜纹夜蛾和烟青虫的药效试验, 2007	接近或相当于对照药剂灭多威的防效, 持效期 10 天以上	—	广东省烟草南雄科学研究所、广东省农业科学院
溴氰菊酯水乳	0.5% 溴氰菊酯水乳剂防治烟青虫田间药效, 2016	防治效果良好, 7 天后别达 90.55%	对烟草生长安全, 对环境安全	湖北省十堰市农业科学院
溴氰菊酯、阿维菌素、苦参碱水、Bt 可湿性粉剂	4 种不同药剂对烟青虫防治效果的研究, 2016	5% 溴氰菊酯和 1.8% 阿维菌素的速效性和防效性均表现良好, Bt 可湿性粉剂的速效性和防效性相对较差	—	贵州省烟草公司瓮安县烟草分公司、贵州省烟草公司黔南州公司
甲维盐微乳剂、苦参碱水剂、阿维菌素乳油	3 种生物药剂防治烟田烟青虫药效试验, 2014	0.5% 甲维盐微乳剂防治效果最好, 其次为 0.5% 苦参碱水 500 倍液和 1.8% 阿维菌素乳油 2 000 倍液, 7 天后校正死亡率分别为 97.37% 和 92.11%	—	河南省农科院烟草研究所

硫丹替代品	文章	对烟青虫防治效果	安全性	试验单位
高效氯氟氰菊酯、两种苏云菌杆菌和苦参碱等	7种生物药剂防治烟青虫的田间药效试验，2013	除0.5%苦参碱水剂外，其余处理对烟青虫的施药7天后防效均超过了85%，速效性和持效性接近菊酯类化学药剂	对烟草和环境安全，是云南文山烟区防治烟青虫的首选生物防治剂	云南省烟草公司文山州公司、云南省烟草农业科学研究
22%高效氯氟氰菊酯·噻虫嗪微囊悬浮剂	22%高效氯氟氰菊酯·噻虫嗪微囊悬浮剂防治烟草烟青虫和烟蚜田间药效试验，2013	对烟草烟青虫的防效为88.4%～94.5%，能较好地控制两种害虫的危害，可在生产上推广应用	—	西北农林科技大学植物保护学院
20%氯虫苯甲酰胺乳油，5%甲维盐水分散粒剂	不同化学药剂对烟草烟青虫和斜纹夜蛾的防治效果，2016	药效及速效性与25 g/L高效氯氟氰菊酯相近，持效性不如20%氯虫苯甲酰胺乳油	—	湖南省耒阳市烟草专卖局、湖南农业大学农学院
3%除虫菊素或1%除虫菊·苦参碱	不同生物防治技术对烟草烟青虫及烟蚜的防治效果，2011	对烟青虫和烟蚜都有较好的防治效果，都可推广应用	—	云南瑞升烟草技术（集团）有限公司、云南红河烟草（集团）有限责任公司
4%鱼藤酮乳油鱼藤酮乳油，0.3%苦参碱水	不同植物源农药对烟青虫和斜纹夜蛾防治果研究，2016	两者防效化学农药25 g/L高效氯氟氰菊酯乳油好，4%鱼藤酮乳油防治效果最好，0.3%苦参碱水剂次之	可替代化学农药，对天敌和环境安全	衡阳市烟草公司
棉铃虫核型多角体病毒	多种药剂防治春烤烟烟青虫田间药效试验，2017	用药后3天即可达70%以上的防效，7天到达防效高峰90.96%，10天后仍达84.89%	—	广西富川县农业局石家农业技术推广站
鱼藤酮乳油、苦参碱水、苏云金杆菌悬浮剂，25 g/L高效氯氟氰菊酯乳油	几种生物农药对烟田鳞翅目害虫的控制作用，2015	鱼藤酮防效不如高效氯氟氰菊酯（对照药剂），苦参碱、苏云金杆菌、短稳杆菌与高效氯氟氰菊酯接近	—	湖南省耒阳市烟草分公司

硫丹替代品	文章	对烟青虫防治效果	安全性	试验单位
2.5% 高效氯氟氰菊酯、苏云金芽孢杆菌、阿维菌素苯甲酸盐	几种生物杀虫剂防治烟青虫的效果，2015	生物药剂的防效以苦参碱最高，其次是苏云金芽孢杆菌，最后是甲胺基阿维菌素苯甲酸盐。0.3% 苦参碱水剂优于化学农药 2.5% 高效氟氰菊酯乳油	生物农药防治烟青虫生产上可以积极推广应用	湖南农业大学农学院、湖南省烟草公司郴州市公司
0.3% 苦参碱水剂和苏云金杆菌对烟青虫的防效显著	烟青虫生物防治药剂的筛选，2012	0.3% 苦参碱水剂和苏云金杆菌防效显著，药效接近化学对照药剂 2.5% 高效氯氟氰菊酯乳油 1 500 倍液的防治效果	对烟叶安全，是当前贵州省有机烟叶生产中较为理想的烟青虫生物防治剂	贵州省烟草科学研究所、贵州省烟草公司
性诱剂	应用性诱剂防治棉铃虫和烟青虫效果研究，2017	性诱剂防治棉铃虫和烟青虫效果明显，减少了化学农药使用次数	安全	山东潍坊烟草有限公司
4% 鱼藤酮乳油	鱼藤酮对烟草斜纹夜蛾和烟青虫的防治效果，2015	效果良好，药后 7 天，1 500 mL/hm² 烟青虫的校正防效为 92.2%，与化学农药的差异不明显，但其药效的持续性好	对作物安全，不污染环境	湖南省烟草公司衡阳市公司、湖南省烟草公司
赤眼蜂	烤烟烟青虫生物防治试验，2013	赤眼蜂对烟青虫防控效果比较明显，每亩释放 6 批赤眼蜂防效可达到 45% 以上	—	云南省陆良县小百户镇农业综合服务中心

（3）硫丹的生物替代技术

除用药剂替代硫丹防治烟青虫外，生物替代技术也已取得了显著的成果，其中利用烟蚜茧蜂防治烟蚜已经从推广走向实际应用，是烟草公司统防统治中防治烟蚜虫的主要技术之一。利用蠋蝽防治烟青虫的试验也已经取得了成功，现正在大力推广中。

2018 年是蠋蝽防治烟青虫和斜纹夜蛾技术全国试点推广的第一年。贵州作为全国试点工作技术依托单位，积极开展蠋蝽繁殖、释放深化技术研究及规模化繁育，有效保障了全国蠋蝽供应。

①全面完成试点面积。全国试点推广 3.05 万亩，完成年度目标的101.82%，贵州、重庆、陕西、福建、辽宁、山东等烟叶主产省（市）试点推广面积超过年度目标。

②防治效果较为明显。全国试点推广区域蠋蝽防治烟青虫和斜纹夜蛾平均防效达 51.48%，单株烟青虫和斜纹夜蛾量低于 0.84 头。其中，贵州、云南、湖南等烟叶主产省试点推广区域蠋蝽防治烟青虫和斜纹夜蛾防效超过 70%。

③防治烟青虫和斜纹夜蛾化学农药减量明显。全国试点推广区域防治烟青虫和斜纹夜蛾的化学农药用量，比非试点推广区域减少 75.3%。

④技术本地化研究成效显著。各烟叶主产省（区、市）积极开展蝽运输、储存、释放、生态适应性及其他天敌昆虫防治技术研究，着力解决技术本地化。云南玉溪、湖南长沙、山东临沂、广东韶关等产区基本掌握了蠋蝽本地化繁育技术。

2019 年蠋蝽防治烟青虫和斜纹夜蛾技术全国试点推广 13.08 万亩（表 4-22），实现试点推广区域防治烟青虫和斜纹夜蛾化学农药用量减少 40% 以上。贵州要进一步提升蠋蝽规模化繁育能力和水平，在满足本省需要的基础上向全国供应；湖南、山东、广东、福建、湖北、河南、云南等省要力争实现本省内蠋蝽的自繁自用，其中，湖南要做好向江西产区的蠋蝽供应，山东要做好向黑龙江、吉林、辽宁产区的蠋蝽供应。

各烟叶主产省（区、市）蚜茧蜂防治蚜虫技术推广要继续保持植烟面积全覆盖，贵州、山东、江西、吉林等省力争在大农业推广面积超过烟草农业，其他烟叶主产省要继续保持大农业推广面积超过烟草农业；行业病虫害生物防治工程中心要进一步提升蚜茧蜂全国商品化供应水平。

表 4-22　2019 年螽蟖防治烟青虫和斜纹夜蛾技术全国试点

烟叶主产省（区、市）/亩	地市级产区	试点推广面积/亩	地市级产区	试点推广面积/亩
云南 4 000 亩	玉溪	2 000	文山	1 000
	楚雄	1 000		
贵州 100 000 亩	遵义	40 000	黔东南	5 000
	毕节	20 000	黔南	5 000
	六盘水	15 000	铜仁	5 000
	黔西南	5 000	安顺	2 000
	贵阳	3 000		
四川 4 000 亩	凉山	2 000	宜宾	500
	攀枝花	500	广元	500
	泸州	500		
重庆 2 500	彭水	1 000	武隆	500
	黔江	500	酉阳	500
河南 1 800	洛阳	500	南阳	200
	许昌	500	三门峡	200
	平顶山	200	驻马店	200
山东 1 800	临沂	1 000	潍坊	800
陕西 2 000	安康	500	宝鸡	300
	商洛	500	延安	200
	汉中	300	咸阳	200
湖南 3 000	郴州	1 000	永州	500
	长沙	800	衡阳	200
	湘西	500		

烟叶主产省 （区、市）/ 亩	地市级产区	试点推广面积/ 亩	地市级产区	试点推广面积/ 亩
湖北 3 000	恩施	2 000	十堰	600
	襄阳	400		
江西 1 000	赣州	700	吉安	100
	抚州	200		
福建 1 200	南平	400	龙岩	400
	三明	400		
安徽 2 000	宣城	1 500	池州	500
广西	百色	1 000		
广东	韶关	1 000		
辽宁	朝阳	500		
吉林 1 000	白城	500	延边	500
黑龙江 1 000	哈尔滨	500	牡丹江	500
全国		130 800 亩		

从蠋蝽防治烟青虫推广趋势分析，蠋蝽有取代用化学农药防治烟青虫的趋势。

农业种植中病虫害的防治是一个复杂的过程，单一的方法很难起到良好的效果，对于烟草烟青虫危害，建议以药剂防治为辅助，加强农业防治，大力推广生物防治。

4.2.8 结论

通过以上调查及结果可得以下结论：

（1）烟草虫害较病害轻，烟草防治重点为病害，我国近三年蚜虫中度发生，烟青虫中度偏轻发生。

（2）烟草烟青虫主要采用农业措施、物理措施和生物防治防治为主，化学药剂防治为辅助，所有药剂为低毒菊酯类及生物药剂。

（3）我国烟草种植已全面淘汰硫丹，硫丹履约现状良好。

（4）硫丹替代品种类丰富，防治效果好、对环境安全友好。

（5）硫丹生物替代技术发展良好，蠋蝽防治烟青虫已经大面积推广。

（6）建议采用农业、生物、药剂综合防治技术更好地替代硫丹。

参考文献

[1] 江海澜，乔金玲，邓小霞，等．棉花病虫全程绿色防控技术应用与推广．中国棉花，2018, 45(6): 31-33.

[2] 环境保护部科技标准司，中国环境科学学会主编．持久性有机污染物（POPs）防治知识问答．北京：中国环境出版社，2016.

[3] 赵英民．持久性有机污染物履约百科．北京：中国环境出版社，2016.

[4] 藏文超，黄启飞．重点区域持久性有机污染物污染现状及其管理对策．北京：化学工业出版社，2013.

[5] 环境保护部宣传教育中心，环境保护部环境保护对外合作中心，中国环境管理干部学院．持久性有机污染物及其防治．北京：中国环境出版社，2014.

[6] 雒瑜，张帅，任相亮，等．近十年我国棉花虫害研究进展．棉花学报，2017, 29（增刊）：100-112.

[7] 牛鲁燕，石敏，魏清岗，等．2019 年山东棉花市场分析及 2020 年展望．农业展望，2020(3): 3-6.

[8] 范婧芳．河北省 2018 年棉花重大病虫害防控技术方案．河北科技报，2018.

[9] 杜青峰．浅析棉花主要病虫害农田生态调控综合治理技术．农业开发与装备，2020, 1: 164-168.

[10] 阿加尔·艾尼肯．棉花主要病虫害农田生态调控综合治理技术．世界热带农业信息，2020(3): 18.

[11] 杨亚丽．棉花病虫害综合防治技术分析．新农业，2019(23): 22-23.

[12] 陈军梅．新疆博州 2018 年棉花病虫害的发生及综合防治技术．农民致富之友，2019(9): 90.

[13] 陈善军．浅析棉花主要病虫害农田生态调控综合治理技术．农业与技术，2019(12): 114-115.

[14] 范爱华．我国棉花病虫害防治策略及发展方向．农家参谋，2018(20): 90.

[15] 热依汗古丽·阿布都热合曼，艾合买提·吾斯曼，魏新政，等．2019 年新疆棉花主要病虫害发生概况．中国棉花，2019, 46(11): 7-9.

[16] 徐道青 . 长江流域棉花轻简高效种植技术探讨 . 中国棉花 , 2019, 46(8): 1-3,12.

[17] 蔡正军 , 戴宝生 , 李蔚 , 等 . 棉麦连作是长江流域棉区实现棉花轻简化生产的重要途径 . 棉花科学 , 2019, 41(4): 19-21.

[18] 魏嘉柳 , 周显青 . 硫丹的毒性及相关机制研究进展 . 河南农业 , 2019, (26): 54-55.

[19] 杨峻 , 张文君 . 硫丹的生产使用现状及管理动态 . 农药科学与管理 , 2011, 32(10).

[20] 马辉 , 张东海 , 李小侠 , 等 . 硫丹在棉花及土壤中的残留动态研究 . 石河子大学学报（自然科学版）, 2008, 5(26): 580-584.

[21] 提博雯 , 王杰 , 刘建国 , 等 . 中国履行斯德哥尔摩公约淘汰硫丹的社会经济影响 . 环境科学研究 , 2016, 29(8): 1241-1248.

[22] 全国植棉面积略有下降　播种进度快于去年——2020 年全国棉花种植面积与播种进度报告 . 中国棉花协会 , 2020-05-14, http://www.china-cotton.org//app/html/2020/05/14/87199.html .

[23] 农业农村部 2019 年棉花重大病虫害防控技术方案，2019-04-25, http://www.moa.gov.cn/gk/nszd_1/2019/201904/t20190425_6212820.htm.

[24] 全国农技中心关于印发《2018 年水稻重大病虫害防控技术方案》等 13 个农作物重大病虫害防控技术方案的通知 , 2018-03-13, http://www.zzys.moa.gov.cn/tzgg/201803/t20180313_6310683.htm.

[25] 全国农技中心关于印发《2017 年水稻重大病虫害防控技术方案》等 13 个农作物重大病虫害防控技术方案的通知 , 2017-03-08, http://www.moa.gov.cn/gk/tzgg_1/tz/201703/t20170308_5512342.htm.

[26] 彦亭 , 谢剑平 , 李志宏 . 中国烟草种植区划 . 北京 : 科学出版社 , 2010.

[27] 中国农业部 . 中国农业年鉴（2018）. 北京 : 中国农业出版社 , 2018.

[28] 中国烟草总公司 . 中国烟叶生产实用技术指南（2015—2018）, 2015—2018.

[29] 中国烟草总公司 . 中国烟叶生产实用技术指南（2017）, 2017.

[30] 烟用农药合理使用技术 . 全国烟草病虫害测报一级站 . 烟草病虫信息 , 2019.

[31] 烟叶物资采购供应管理办法（中烟办〔2015〕26 号）. 中国烟草总公司 , 2015.

第 5 章
政策建议

党的十九届五中全会明确提出"推进化肥农药减量化和土壤污染治理"和"重视新污染物治理"。新污染物是指新近发现或被关注，对生态环境或人体健康存在风险，尚未纳入管理或者现有管理措施不足以有效防控其环境风险的污染物。新污染物还具有环境危害或环境风险隐蔽性，种类繁多，来源广泛，暴露途径复杂和常规污染物管控方法很难有效控制新污染的环境风险等特点。

农药特别是具有生物累积性、持久性、远距离迁移和毒性的持久性有机污染物类农药，具有新污染物的特性，且关系土壤生态环境和广大人民群众餐桌上的安全，应该更受到关注。通过对比国内外对农药类持久性有机污染物的管理，对我国在"十四五"期间农药类持久性有机污染物的管理和履行《关于持久性有机污染物的斯德哥尔摩公约》（以下简称《斯德哥尔摩公约》）提出如下建议。

5.1 健全农药评估、注销和使用制度

我国《农药管理条例》（以下简称《条例》）中明确了国家实行农药登记制度、农药生产许可制度、农药经营许可制度。对药剂的试制、生产和经营环节作出明确规定。但是缺少对农药的生态环境风险后评估和农药的退出机制。而发达国家在农药投入市场后也会定期对农药进行生态环境方面的审查，以评估他们对环境的风险。对于存在较大风险的农药会限制使用或限期注销。这一做法为相关生产企业妥善处理风险较大的农药预留了时间。在我国往往通过行政命令来取消农药生产企业的登记证。以硫丹为例，江苏某企业农药登记证有效期为 2020 年 12 月，但为了履行《斯德哥尔摩公约》农业部门统一于 2018 年 6 月取消了该款产品的登记。这种被动履约的方式不仅没有引领农药企业高质量发展，

---

* 第 5 章由张扬编写。

反而损害了企业的利益。为此建议，健全农药评估和注销机制，特别是要针对农药开展定期的审查，以评估其潜在的风险，在此基础上作出是否淘汰的合理的决策。

农药使用者是农药进入生态环境最重要的一环，虽然《条例》中规定了使用者要保护环境，但是规定过于笼统，特别是对农药使用者如何避免健康风险和环境风险缺少制度安排。而在澳大利亚等发达国家，农药使用者要经过职业安全和生态保护方面的培训，使其了解相关法规和制度。为此建议，针对农药使用者尽快建立培训机制，提高风险防控意识。

5.2　要摸清硫丹存量和处置情况，督促企业安全妥善"消库存"

一是可将涉及硫丹生产的 10 个省份（山东 6 家企业，江苏 5 家企业，陕西 4 家企业，江西 3 家企业，安徽 2 家企业，广西 2 家企业，河北 2 家企业，浙江 2 家企业，河南 1 家企业，新疆 1 家企业）纳入生态环境部统筹强化督查。通过调取查阅企业 2018 年 6 月 30 日前后一段时期（如 2016 年 6 月 30 日至今）的硫丹相关产品生产记录、销售记录、危险化学品处置记录等信息，核查相关企业硫丹的库存量及处置情况，以判断企业是否落实《斯德哥尔摩公约》及国家相关政策文件要求。对于仍有库存未妥善处置的企业，根据实际情况下发督办函，限期完成库存硫丹的处置。二是对督查期间发现的违法行为，做好证据收集，并通告相关执法部门予以处罚，并将其纳入失信联合惩戒对象名单，将违法信息记入信用记录和全国信用信息共享平台。

5.3 要完善《斯德哥尔摩公约》管控农药类长效监管机制

2005 年建立的国家履约工作协调组工作机制有力地推动了我国履约工作，为了确保相关政策措施落地落实和履约成效，建议一是在现有工作协调机制的基础上，建立执法联动机制，加强执法合作。由生态环境部门相关业务司局牵头，环境执法机构、农业农村部农药管理部门、公安部食药环管理、市场监管总局等有关负责人组成，以定期或不定期地召开会议的形式，分析研究解决《斯德哥尔摩公约》管控类农药环境执法难点问题，组织部署联动执法检查工作。二是在横向联动上，加强信息共享，推动执法合作不断深化。要通过联络员进一步加强国家部门之间信息共享，特别是加强与农业农村部、公安部、市场监管总局等相关部门的合作，视情形成月度报告或季度报告制度，共享产品抽查相关信息及处置情况，推动《斯德哥尔摩公约》管控类农药环保执法工作不断深化。三是在纵向联动上，调动地方积极性，促进履约政策落地。要将全国 31 个省（区、市）和新疆生产建设兵团生态环境系统主管固体废物和化学的品部门纳入现有联络员机制，并将每年国家履约工作协调组有关会议纪要等材料印发各省（区、市）生态环境部门，确保地方及时掌握履约新动态。四是建立重大环境违法犯罪案件处置会商制度。对于案情重大、复杂和社会影响较大的案件，由生态环境部会同公安部和农业农村部，并邀请最高人民检察院和最高人民法院等部门进行会商，确保案件依法办理。五是完善现有背景监测点监测项目。POPs 类物质多为半挥发性有机物，大量研究表明 POPs 物质存在土壤 - 空气转换，建议在现有成效评估背景点增测土壤中 POPs 农药含量，以保证成效评估的科学性、系统性和完整性。

5.4　要建立《斯德哥尔摩公约》管控类物质妥善处置保障体系

　　《斯德哥尔摩公约》为开放式公约，随着科技的进步和人类认知水平的不断提高，还会有更多的物质被增列到《斯德哥尔摩公约》当中来，针对未来新增列物质，一方面要通过禁令或公告等堵住源头，确保不生产；另一方面要逐步建立新增列物质集中收集和处置机制，方便持有人及时妥善处置相关公约管控物质，确保存量妥善处置。一是推动相关立法，明确《斯德哥尔摩公约》管控物质的属性，特别是要界定什么样的物质属于危险废物，什么样的物质属于一般废物；二是要界定清楚处置权限，即什么机构能处置什么样的废物；三是依托现有生态环保有关平台或门户网站建立受控物质处置信息管理平台，将具有资质的处置机构和集中收集点的信息放入平台中，借助平台广泛宣传《斯德哥尔摩公约》管控物质情况，提升公众意识，促进公众和持有人通过合理渠道处置存量新增列物质；四是在发布关于新增物质禁令的同时，要告知公众如何妥善处置存量管控物质，以及相关的义务和责任；五是联合农业农村部门在农村地区，依托垃圾分类，设置过期废农药回收点，以收集居民手中的受控农药。